口絵 V-2 章　ゾウギンザメ（*Callorhinchus milii*）

A：ゾウギンザメの親魚（メス）．「吻（snout, または proboscis）」の部分には電気受容器であるロレンチニ瓶（ロレンチニ器官）が多数存在し，隠れている餌生物を探すセンサーの役割を果たすと考えられている．
B：ゾウギンザメの卵を飼育している様子（卵殻の長径は約 20 cm）
C：発生中の胚の様子（受精から約 3 か月のもの）．葉のような形をした卵殻の中で発生が進む．黄色い部分が卵黄．孵化までには約半年かかる．

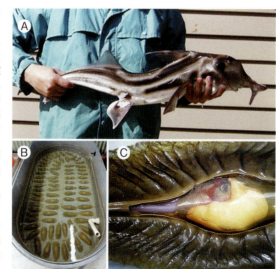

口絵 V-3 章　多様な環境に生息する無尾両生類
　両生類は進化史上，水生から陸生になった最初の脊椎動物である．極地方と海洋島を除く多様な環境に適応している．

口絵 V-4章　砂漠に棲むカンガルーラット（*Dipodomys merriami*）

北アメリカ南部の砂漠に住むカンガルーラットは水も草木も少ない乾燥地帯に適応した哺乳類で，餌となる種子に含まれる水分と代謝水で生き延びることができる．
（写真：photolibrary）

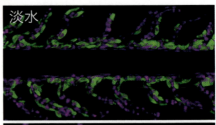
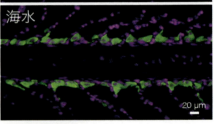

口絵 V-5章　タイセイヨウサケ（*Salmo salar*）の鰓の塩類細胞

Na^+/K^+-ATPアーゼ（NKA）抗体を用いた免疫蛍光染色．NKAは緑，細胞核はマゼンタ（赤紫）で表す．淡水と海水で塩類細胞の存在部位が異なることがわかるが，この手法では，淡水と海水における塩類細胞の機能の違いを見分けることができない．（5章参考書 Hiroi & McCormick, 2012 より改変）

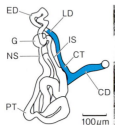
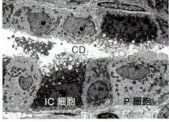
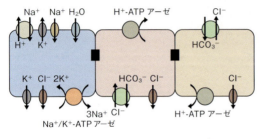

口絵 V-6章　アズマヒキガエル（*Bufo japonicus formosus*）のネフロン構造と集合管細胞における水とイオンの輸送機序

ネフロン模式図の遠位部尿細管（着色部）は主細胞と間在細胞からなる（電子顕微鏡写真）．各細胞の細胞膜には多様な膜輸送タンパク質が発現している．（説明は本文参照）

 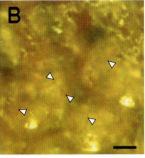

口絵 V-7 章　ニホンアマガエル（*Hyla japonica*）の皮膚
　（A）アマガエルは下腹部と大腿部の皮膚を密着させて水を吸収する.
　（B）この領域は血管に富み（矢尻），吸収された水は速やかに全身に運ばれる. スケールバー A：1 cm，B：0.1 mm.

口絵 V-8 章　メダカ（*Oryzias latipes*）
東アジアに分布する. モデル動物として, 発生生物学, 遺伝学, 行動学など幅広い研究に汎用される. 写真のヒメダカ系統をはじめ, 多くの系統が保存されている.

口絵 V-9 章　スペースシャトル アトランティス号の打ち上げ
右上の培養器を用いてキンギョ（*Carassius auratus*）の鱗（骨モデル）を培養して, 微小重力下での骨密度低下機構を解析した.
（写真提供：田渕圭章博士, 矢野幸子博士）

第V巻　ホメオスタシスと適応 －恒－　C

口絵 V-10 章　移動の途中で岩塩をなめているインパラ（*Aepyceros melampus*）
草食動物には "sodium appetite" があるため，NaCl を積極的に摂取したいという「渇き」に似た欲求がある．哺乳類の血圧は体内の全 Na 量により決まると考えられているため，Na の摂取は血圧調節に関係する．
（写真：photolibrary）

口絵 V-11 章　将来，糖尿病モデル動物としての活用が期待されるニワトリ（*Gallus gallus domesticus*）

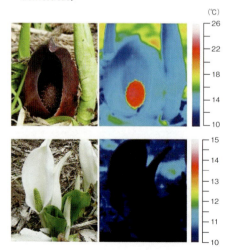

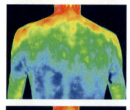

口絵 V-12 章①　発汗による体表面からの熱放散
説明は本文参照．

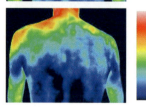

口絵 V-12 章②　ザゼンソウ（*Symplocarpus foetidus*）の発熱
説明は本文参照．（写真提供：稲葉靖子博士，稲葉丈人博士）（引用文献 12-3 より許可を得て掲載）

D　■ ホルモンから見た生命現象と進化シリーズ

日本比較内分泌学会編集委員会
高橋明義（委員長）　小林牧人（副委員長）
天野勝文　安東宏徳　海谷啓之　水澤寛太

ホルモンから見た生命現象と進化シリーズ V

ホメオスタシスと適応
ー恒ー

海谷啓之　内山　実
共編

裳華房

Homeostasis and Adaptation

edited by

HIROYUKI KAIYA
MINORU UCHIYAMA

SHOKABO
TOKYO

JCOPY 〈(社)出版者著作権管理機構 委託出版物〉

刊行の趣旨

　現代生物学の進歩は凄まじく早い．20世紀後半からの人口増加以上に，まるで指数関数的に研究が進展しているように感じられる．当然のように知識も膨らみ，分厚い教科書でも古往今来(こおうこんらい)の要点ですら，系統的に生命現象を講じることは困難かもしれない．根底となる分子の構造と挙動に関する情報も膨大な量が絶えず生み出されている．情報の増加はコンピューターの発達と連動しており，生物学に興味を示すわれわれは，その洪水に翻弄(ほんろう)されているかのようだ．生体内の情報伝達物質であるホルモンを軸にして，生命現象を進化的視点から研究する比較内分泌学の分野でも，例外ではない．それでも研究者は生き物の魅力に取り憑かれ，解明に立ち向かう．

　情報が溢(あふ)れかえっていることは，一人の学徒が全体を俯瞰(ふかん)して生命現象（本シリーズの焦点は内分泌現象）を理解することに困難を極めさせるであろう．このような状況にあっても，呆然とするわれわれを尻目に，数多(あまた)の生き物は躍動している．ある先達はこう話した．「研究を楽しむためには面白い現象を見つけることが大事だ」と．『ホルモンから見た生命現象と進化シリーズ』では，内分泌が関わる面白い生命現象を，進化の視点を交えて，第一線で活躍している研究者が初学者向けに解説する．文字を介して描写されている生き物の姿に面白い現象を発見し，さらに自ら探究の旅に出る意欲を醸(かも)しだすことを，シリーズは意図している．

　全7巻のそれぞれに，その内容を象徴する漢字一文字を当てた．『序』『時』『継』『愛』『恒』『巡』『守』は，その巻が包含する内分泌現象を凝集した俯瞰の極致である．想像力を逞しくして，その文字の意味するところを感じながら，創造の世界へと進んで頂きたい．

日本比較内分泌学会　『ホルモンから見た生命現象と進化シリーズ』編集委員会
　　　　　　　　　　　高橋明義（委員長），小林牧人（副委員長）
　　　　　　　　　　　天野勝文，安東宏徳，海谷啓之，水澤寛太

はじめに

　生物は，外部環境の変化に適応し，子孫を残しながら長い時間をかけて進化，繁栄してきた．その根底には無意識のうちに生存に最も適した生理状態を維持する「ホメオスタシス」の機構が働いている．ホメオスタシスは，移り変わる環境変化に対して，動的に揺れながら内部環境を生存に適した一定範囲内に保持しようとする状態を示す．多様な生物たちは，どのようにして自らの形態的，生理的状態を安定させているのか．本書では，とくにホルモンから見た生命現象や環境への適応の生理的機構と進化を念頭に「ホメオスタシス」を個体，器官，組織，細胞のレベルで例を挙げながら解説する．

　ホメオスタシスを支える情報と制御のシステムは，神経系と内分泌系である．神経系は，単純な神経スパイク（電気信号）のOn/Offの組み合わせによって情報を伝える「有線」システムであり，非常に短時間で限られた対象に情報を伝える．一方，内分泌系は，化学物質であるホルモンにより情報伝達が行われる．すべての生体組織（細胞）は体液に浸っており，ホルモンによる情報は，情報を受け取る受容体があれば効果を発揮できる．さらに神経と内分泌の複合型（神経内分泌）も存在する．脊椎動物では，視床下部の神経内分泌細胞が正中隆起部や下垂体後葉に軸索を送り，軸索末端から血管内にホルモンを分泌する．

　体の基本構造（体制）が単純であり，開放血管系をもつ無脊椎動物は，多くの場合，比較的単純な神経系と神経内分泌系がホメオスタシスに働いている．一方，脊椎動物は体制や生体機能が複雑化したことで，高次の統合システムが必要となった．これらの動物は閉鎖血管系による体液循環系が発達したことで，新しい情報伝達システムとして内分泌系が機能するようになった．現代の科学では，神経系，内分泌系に免疫系が加わることで，ホメオスタシスが保たれているという概念が定着しつつある．

　内分泌系の主役であるホルモンは，ごく微量の血中濃度（$10^{-9} \sim 10^{-12}$ mol/L）で効果をあらわす．必要に応じて血液中に分泌され，複数の異なっ

た作用をもつホルモンによる情報を同時に伝達することもできる．各ホルモンは体液に混在しても，特異的な化学構造によって体細胞の受容体で判別され，受容体の有無や数の多少によって感受性が変化する．これらは一過性の情報伝達である神経系とは異なり，持続的な効果を発揮する内分泌系の特徴である．

内分泌系が関わるホメオスタシス機構において，標的となる器官や組織を構成する細胞の役割を理解することも重要である．ホルモンという生体情報を受け取った細胞では，一連の細胞内伝達系が活性化し，さまざまな効果が発揮される．

本巻では，生体のホメオスタシス機構のなかでも，体液の恒常性維持機構に焦点を当てた．生物の進化にとって，水中から陸上への進出は個体を取り巻く外部環境が大きく変化した画期的な出来事であり，体液調節はホメオスタシスの考えからも最も重要視されるべき事柄であったであろう．体液調節に関わる形質は今もなお，多様な動物に脈々と受け継がれている．その巧みな機構を本巻でぜひ学び取って欲しい．2章では魚類，3章では両生類，4章では陸生動物について，各動物群における環境への適応のしくみについて総論を述べている．また，5章では魚類に存在する特殊な浸透圧調節細胞である塩類細胞について，6章では脊椎動物の普遍的な体液調節器官である腎臓，7章では両生類の皮膚に着目して詳細に解説した．さらに，神経系や内分泌系の相互作用により巧妙に調節されている水・電解質代謝（8章），カルシウム代謝（9章），血圧（10章），血糖（11章），体温（12章）についての各論を加えた．

読者が，今この瞬間も行われている体内のいきいきとした「ホメオスタシス」という生体現象に興味をもち，ヒトを含む多くの生物が無意識のうちに，その調節の元に「生きている」ということの不思議さ，動物種間に見られるそれらの多様性と普遍性，さらに進化の歴史を感じ取ってもらえれば幸いである．

2016年7月

著者を代表して

海谷啓之・内山　実

目　次

1. 序　論
海谷啓之・内山　実

- 1.1　ホメオスタシスとは ……………………………………………… 1
- 1.2　ホメオスタシスのしくみ ………………………………………… 3
  - 1.2.1　ホメオスタシスを調節する自律神経系，内分泌系，免疫系… 3
  - 1.2.2　フィードバック制御…………………………………………… 5
- 1.3　免疫系とホメオスタシス ………………………………………… 7
  - 1.3.1　脳と免疫系……………………………………………………… 7
  - 1.3.2　腸と免疫系……………………………………………………… 7
- 1.4　体液環境としての細胞内液・外液の組成とその調節 ………… 8
- 1.5　さまざまな浸透圧調節 …………………………………………… 10
- 1.6　体液恒常性を制御する機構 ―ナトリウムセンサーと浸透圧センサー― 11
  - 1.6.1　ナトリウムセンサー…………………………………………… 11
  - 1.6.2　浸透圧センサー………………………………………………… 11
- 1.7　環境適応に関わる遺伝子 ………………………………………… 12
- 1.8　おわりに …………………………………………………………… 13

第1部　体液調節機構の進化 …………………………… 15

2. 魚　類
兵藤　晋

- 2.1　浸透圧調節の2つのしくみ：順応と調節 ……………………… 16
  - 2.1.1　浸透圧調節のターゲットは「血液」である………………… 16
  - 2.1.2　浸透圧調節のしくみは「順応」と「調節」に大別できる… 17
- 2.2　硬骨魚条鰭類の浸透圧調節 ……………………………………… 18

	2.2.1　淡水環境における条鰭類の浸透圧調節	19
	2.2.2　海水環境における条鰭類の浸透圧調節	20
2.3	無顎類の浸透圧調節	21
2.4	軟骨魚類の浸透圧調節：サメは順応型か，調節型か？	22
2.5	浸透圧調節の進化：尿素はサメやエイだけのものか？	24
	2.5.1　海水環境への再進出：調節型のしくみの利用	24
	2.5.2　海水環境への再進出：順応型のしくみの利用	25
	2.5.3　尿素を利用するその他の脊椎動物：硬骨魚肉鰭類と四肢動物	27

3. 両 生 類

内山　実

3.1	魚類（水生）と四肢動物（陸生）をつなぐ動物群	32
	3.1.1　最初の四肢動物はどこから，そしてなぜ上陸したのか	33
	3.1.2　肺魚類とシーラカンス	34
3.2	さまざまな環境に適応する両生類の体液調節	34
	3.2.1　両生類の体液量と体液成分	35
	3.2.2　窒素代謝による老廃物	35
3.3	浸透圧調節器官としての鰓，皮膚，腎臓，膀胱，消化管	36
	3.3.1　鰓と皮膚	36
	3.3.2　腎臓と膀胱と総排泄腔	39
	3.3.3　リンパ循環系	42
3.4	神経系による体液調節 —末梢神経系と中枢神経系—	43
	3.4.1　中枢神経系による調節	43
	3.4.2　末梢神経系	44
3.5	ホルモンによる体液調節	45
	3.5.1　下垂体神経葉ホルモン	45
	3.5.2　レニン・アンギオテンシン・アルドステロン系	46
	3.5.3　プロラクチン	47
	3.5.4　ナトリウム利尿ペプチド	47

　　　　3.5.5　環境順応における各ホルモンの血中濃度の変化............... 47
　3.6　おわりに 50

4. 陸生生物
今野紀文

　4.1　新天地をもとめた開拓者たちの試練 53
　4.2　羊膜の獲得と水域との決別 54
　4.3　爬虫類の浸透圧調節のしくみ 55
　4.4　鳥類の浸透圧調節のしくみ 58
　4.5　哺乳類の出現 59
　　　　4.5.1　単孔類の浸透圧調節のしくみ 61
　　　　4.5.2　有袋類の浸透圧調節のしくみ 62
　　　　4.5.3　有胎盤哺乳類の浸透圧調節のしくみ 63
　4.6　海へと帰った哺乳類の浸透圧調節 64

第2部　体液調節器官・組織・細胞 69

5. 塩類細胞
廣井準也・金子豊二

　5.1　塩類細胞とは？ 70
　5.2　鰓に存在する塩類細胞 71
　5.3　淡水型塩類細胞と海水型塩類細胞 73
　5.4　塩類細胞の多形：4つの型 74
　　　　5.4.1　Ⅰ型塩類細胞 76
　　　　5.4.2　Ⅱ型塩類細胞 76
　　　　5.4.3　Ⅲ型塩類細胞 76
　　　　5.4.4　Ⅳ型塩類細胞 77
　5.5　他の魚の塩類細胞 －塩類細胞の多様性－ 79
　5.6　塩類細胞のさまざまな機能 81

5.7　おわりに ………………………………………………………… 84

6. 腎　臓
内山　実

- 6.1　体液調節における腎臓の概要 ………………………………… 87
- 6.2　脊椎動物の腎臓の構造と働き ………………………………… 89
  - 6.2.1　哺乳類の腎臓は尿を濃縮できる………………………… 89
  - 6.2.2　鳥類は2種類のネフロンをもち，爬虫類の腎臓は外部形態が多様である 92
  - 6.2.3　両生類は大きな腎小体をもつ…………………………… 93
  - 6.2.4　淡水魚と海水魚の腎臓の類似点と相違点……………… 96
  - 6.2.5　軟骨魚類は複雑なネフロンをもち，無顎類の腎臓は進化の過程を示す 97
- 6.3　Na^+と水の代表的な膜輸送体 ………………………………… 98
  - 6.3.1　Na^+/K^+-ATPアーゼ …………………………………… 99
  - 6.3.2　上皮性Na^+チャネル …………………………………… 99
  - 6.3.3　Na^+とCl^-の共輸送体 ………………………………… 99
  - 6.3.4　アクアポリン……………………………………………… 99
- 6.4　腎臓機能を調節する体液調節ホルモン ……………………… 100
  - 6.4.1　バソプレシンとバソトシン……………………………… 100
  - 6.4.2　レニン・アンギオテンシン・アルドステロン系……… 100
  - 6.4.3　心房性ナトリウム利尿ペプチド………………………… 101
- 6.5　おわりに ………………………………………………………… 102

7. 皮　膚
鈴木雅一

- 7.1　脊椎動物の皮膚と水輸送 ……………………………………… 106
- 7.2　両生類の外皮 …………………………………………………… 107
- 7.3　両生類の皮膚における水移動 ………………………………… 109
- 7.4　水チャネル・アクアポリン …………………………………… 110
- 7.5　両生類における水吸収機構 …………………………………… 113

7.6	水吸収機構の多様性	114
7.7	皮膚での水吸収機構の起源と進化様式	116

第3部　ホメオスタシスとホルモン ... 123

8. 水・電解質代謝とホルモン

御輿真穂・坂本竜哉

8.1	体液調節ホルモンの役割	124
8.2	魚類におけるミネラルコルチコイドの役割は？	126
8.3	動物界に普遍的な体液調節ホルモン：バソプレシン/オキシトシン族	129
8.4	動物の進化と水・電解質代謝ホルモンの作用の進化	131
8.5	新しい体液調節ホルモン	133
	8.5.1　グアニリン	133
	8.5.2　アドレノメデュリン	134
8.6	おわりに	136

9. 血液中のカルシウムを調節するしくみ
　　―水生動物から陸上動物まで―

鈴木信雄・関口俊男・服部淳彦

9.1	血漿中のカルシウムイオン濃度（Ca^{2+}）を一定に保つ意義	139
9.2	骨を使ってCa^{2+}濃度を調節するしくみ	140
9.3	血漿中のCa^{2+}濃度を上げるホルモン	142
	9.3.1　副甲状腺ホルモン	142
	9.3.2　活性型ビタミンD_3	143
9.4	血漿中のCa^{2+}濃度を下げるホルモン	144
9.5	哺乳類以外の脊椎動物の血漿Ca^{2+}濃度調節機構	146
	9.5.1　魚類における血漿中のCa^{2+}濃度を調節するしくみ	146
	9.5.2　魚類において血漿中のCa^{2+}濃度を上げるホルモン	147
	9.5.3　魚類において血漿中のCa^{2+}濃度を下げるホルモン	149

9.5.4　両生類における血漿中の Ca^{2+} 濃度を調節するしくみ 150
　　　9.5.5　両生類の血漿中の Ca^{2+} 濃度を上げるホルモン 151
　　　9.5.6　両生類の血漿中の Ca^{2+} 濃度を下げるホルモン 152
　9.6　概日リズムを調節するメラトニンの骨に対する作用 153

10. 血圧調節とホルモン

竹井祥郎

　10.1　血圧調節のしくみ 158
　10.2　水生から陸生へ：血圧調節機構の進化 161
　10.3　ホルモン調節と神経調節 163
　10.4　循環調節と体液調節の密接な関係 167
　10.5　血圧を下げるホルモン 169
　10.6　血圧を上げるホルモン 171
　10.7　おわりに 172

11. 血糖調節とホルモン ―血液中のグルコースを調節するしくみ―

喜多一美

　11.1　栄養素としての糖 175
　11.2　血糖値 176
　　　11.2.1　哺乳類 176
　　　11.2.2　鳥　類 178
　　　11.2.3　爬虫類 179
　　　11.2.4　両生類 179
　　　11.2.5　魚　類 182
　11.3　血糖値を低下させるホルモン 182
　11.4　血糖値を上昇させるホルモン 185
　11.5　血糖調節の分子機構 186
　11.6　インスリン様成長因子 188
　11.7　糖尿病と糖尿病合併症 190

目　次

11.8　生体における非酵素的糖化反応 192
11.9　おわりに 194

12. 外界の温度変化から体内の温度環境を守るしくみ
　　─さまざまな体温調節とホルモン─

佐藤貴弘

12.1　体温からみた動物の分類 197
　　12.1.1　恒温動物と変温動物 198
　　12.1.2　内温動物，外温動物，異温動物 200
12.2　体温調節の意義 200
12.3　環境温を感知するしくみ 202
12.4　体温を調節するしくみ 203
　　12.4.1　行動で体温を調節するしくみ 203
　　12.4.2　自律性に体温を調節するしくみ 204
12.5　体温調節と肥満 210
12.6　飢餓状態を生き抜くための体温調節 211
12.7　長い冬を生き抜くための体温調節 211

略語表 215
索　引 219
執筆者一覧 227
謝　辞 227

遺伝子，タンパク質，ホルモン名などの表記に関して

現在，遺伝子名は動物種や研究者によって記載方法がさまざまである．本巻では，読者にわかりやすくするため，遺伝子名はイタリック体（斜字体）で表記，さらに，ヒトではすべて大文字（*ABC*），哺乳類では頭文字を大文字（*Abc*），それ以外の動物種では基本的にすべて小文字（*abc*）で表記した（遺伝子から転写される RNA もこれに準拠）．タンパク質名に関しては，その活性などによって命名された従来からの呼称を優先して表記したが，特別な呼称がないタンパク質については，その遺伝子名を，すべて大文字かつ非イタリック体で表記した．ホルモン名および学術用語は，『ホルモンハンドブック新訂 eBook 版（日本比較内分泌学会編）』および『岩波生物学辞典（第 5 版）』に準拠した．

ホメオスタシスに関わるホルモンの呼称について

細胞を浸している細胞外液のイオン組成や浸透圧，pH などのホメオスタシスに関わるホルモンは，体液調節ホルモン（body fluid-regulating hormones），浸透圧調節ホルモン（osmoregulatory hormones），あるいは水・電解質代謝ホルモン（hydromineral hormones）などと呼ばれる．体液調節ホルモンはおもに医学系で用いられる用語で，ヒトを含む陸上動物の体液量と血漿浸透圧の調節に関わる場合に用いられる．一方，浸透圧調節ホルモンはおもに理学系で用いられる用語で，体内外の「電解質（イオン）」の出し入れにより浸透圧調節を行う魚類などの非哺乳類の研究で用いられることが多い．水・電解質代謝ホルモンは，水代謝，および電解質代謝に関わるホルモンを総称する場合に用いられる．

魚類の分類および分類群の名称について

本巻では，さまざまな名称で魚類の分類用語が使用されているが，分類および分類群の名称については，165 ページの図 10.5 を参照されたい．

メダカの学名について

　日本に生息するメダカには，従来北方メダカと南方メダカの地域集団が存在することが知られていた．2011 年に Asai らによりこれらの集団は異種であり，ミナミメダカ（*Oryzias latipes*）とキタノメダカ（*O. sakaizumii*）として区別する学説が提案された．しかし，本巻で扱うメダカはそれ以前に行われた研究に基づくことが多いことを考慮し，これらをまとめて「メダカ（*O. latipes*）」と表記する．なおヒメダカは，ミナミメダカ（*O. latipes*）の突然変異品種であり，本巻ではあわせて「メダカ（*O. latipes*）」と表記している．

　　　　　　　　　　Asai, T. *et al.* (2011) Ichthyol. Explor. Freshwaters, **22**: 289-299.

下垂体後葉ホルモンに関わる用語の呼称について

　下垂体は腺下垂体と神経下垂体からなっている．神経下垂体から分泌される神経葉ホルモン（アルギニンバソプレシンとオキシトシンなど）は，慣用的に後葉ホルモンと呼ばれる．解剖学的な用語として，後葉は中葉と神経葉からなるため，中葉が退化的な哺乳類と鳥類では神経葉ホルモンと後葉ホルモンは同義である．一方，脊椎動物全般に共通した用語として，神経葉ホルモンがより厳密である．

膜輸送タンパク質の表記について

　膜輸送を行うキャリアータンパク質は，受動輸送を行う「輸送体」と能動輸送を行う「ポンプ」に分けられる．「共輸送体」は複数のイオンが同一方向に移動する場合，「交換輸送体」は複数のイオンが逆方向に移動する場合を指す．研究論文などでは輸送されるイオン類を表記する際に，スラッシュやハイフンやコンマで区切って表すことがあるが，本巻では共輸送体はハイフンを，交換輸送体はスラッシュを用いて区別した．（例）Na^+-K^+-$2Cl^-$共輸送体，Na^+/H^+交換輸送体

1. 序　論

海谷啓之・内山　実

　われわれヒトを含むすべての生物が安定した生命活動を維持するためには，生体の状態を生存に適したある一定の状態に保つことが重要である．生物は地球上のさまざまな環境に生きており，生息環境への適応[*1-1]を進化，繁栄の過程で獲得してきた．生物は常に変動する外部環境に対して生体の内部環境の状態を一定に保とうとする，いわゆる「ホメオスタシス」維持機構を備えており，それが絶え間なく働いていることが生存の背景にある．この機構は細胞レベルに始まり，組織，器官，個体レベルへと階層的に連続し，全体として統合されている．本章では，外部環境の変化を感受して体内環境を調節するしくみについて，脊椎動物を対象に解説し，ホメオスタシスの意義を明示する．

1.1　ホメオスタシスとは

　われわれの日常生活では，生命活動のしくみなどを考えることはあまりないだろう．こんな場面を想像してほしい．「夏のある朝，たくさんの汗をかいて目覚め，水を一杯飲んで着替える．空腹を感じて朝ご飯を食べる．蒸し暑い屋外へと出かけ，少し寒く感じるクーラーの効いた電車に揺られる．昼には再び空腹を感じて昼食を摂り，眠気を感じてひと眠りする．一日の活動を終えて帰宅し，夕食を摂ると心地よい疲れを感じ，風呂に入って汗を流して眠りにつく」．何げない一日であるが，外部環境が刻一刻と変化する一方で，その変化に応じて生体内部の環境を一定にしようとする生命活動が絶え間な

[*1-1]　「適応」は本巻の重要なキーワードであるが，英語では adaptation や acclimation など進化的な観点を含むかどうかで異なる語句が使用される．本来は日本語でも別々の語句が与えられるべきではあるが，本巻ではこれらの違いを区別せず，「適応」という語句を使用している場合がある．

く営まれている．生命活動には，睡眠，覚醒，乾き，摂食，消化，吸収，体液（電解質や血糖），体温などの調節があるが，ここには「恒常性を維持する機構」，すなわち「いつも一定で，変わらない状態に保つしくみ」が働いている．

外部環境の気温の変化に対する体温調節を例にして，生理反応をみてみよう．われわれは寒さや暑さを感じて意識的に衣服を着たり脱いだりするが，このような意識的な行動とは別に，体は無意識のうちに筋肉を震わせる，あるいは発汗することによって体温をできる限り37℃程度に保とうとする．この反応は，われわれの体には生理的な設定値（セットポイント）があり，その状態からのズレ（かたより）を温度センサーが感知して，補正するような調整が起こることによる．結果として，わずかな振幅をもった変動でセットポイントに落ち着く．このような生理的メカニズムを**恒常性の維持機構**といい，動物・植物を問わず，生物がもつ生命を守る重要な性質の1つであり，とくに生体を対象とする場合には**生体恒常性**と呼ばれる．

19世紀中頃，フランスの生理学者クロード・ベルナール（Claude Bernard）は，人によって食べた物が違うにもかかわらず血液の組成がほとんど変化しないことに気づいた．彼は著書『実験医学序説（1865）』のなかで，血液を「内部環境（フランス語で miliéu intériéur）」と見なし，内部環境に変化を与えるような外的刺激が働くと，体内の細胞が生存に適した状態になるように血液の状態を早急に調節するしくみが働くと考え，これを**恒常性の維持**と呼んだ．その後，20世紀初めにアメリカの生理学者ウォルター・キャノン（Walter Cannon）は，血液量や血液中の糖濃度などは生存に適した一定の範囲内に保たれており，それが神経系と内分泌系の働きで調節，維持されていることを明らかにした．彼は著書『からだの知恵（1932）』のなかで，「恒常性の維持」という現象について，ギリシャ語で「like（**類似**）」を意味する homoeo と，「state（**持続**）」を示す stasis を合わせて**ホメオスタシス（homeostasis）**と命名した．この言葉の意味は，内部環境は固定的な状態ではなく，変化しつつも安定した状態にあることを意味する．

最近の生物学において，ホメオスタシスは，生物個体レベルだけにあては

まるものではない．たとえば，自然界のある場所に生存するすべての生物群と，それを取り巻く環境要因を含めて，社会的・生態的関係が安定している状態を**生態学的ホメオスタシス**と呼び，動物の行動様式が一定なことは**行動学的ホメオスタシス**，あるいは**心理学的ホメオスタシス**という．**発生学的ホメオスタシス**は，常に動的な生物の一生において，それぞれの発生段階で質的な変化をともないながらも，その段階を維持している状態を指す．また，**遺伝子ホメオスタシス**とは，さまざまな種が種として存続していくことをいう．本巻では，脊椎動物における**生理学的ホメオスタシス**について扱う．生理学的ホメオスタシスは，ストレスになりうる外部環境の変化に応じて，生命を安定した健康な状態に維持しようとする状態や，無意識のうちに体の状態の変化を元に戻そうとする状態をいう．

1.2　ホメオスタシスのしくみ

1.2.1　ホメオスタシスを調節する自律神経系，内分泌系，免疫系

生理学的ホメオスタシスの多くは，**自律神経系**や**内分泌系**によって無意識のうちに行われる．自律神経系は**交感神経系**と**副交感神経系**の2種類の神経からなり，生命の根本を維持する呼吸，循環，消化，体温，発汗，排尿などの不随意性の機能を制御する．一方の内分泌系は，体の成長，代謝機能の維持，生殖活動，分泌調節など生体の持続的機能の調節に働く．

最近は，自律神経系と内分泌系のほかに，**免疫系**を加える考え方が浸透しつつある．病原微生物などの異物の排除，創傷の修復・治癒などの現象は，ストレスから体内環境を守る生体防御反応であり，個体としての恒常性の維持に働くからである．免疫系では，免疫を亢進させる系と過剰な免疫反応を防ぐ抑制系があり，安定した生体防御反応が機能している．これを**免疫恒常性**と呼ぶ．また，これら3種類の系は，小さなタンパク分子（ペプチド）がその情報伝達の担い手になるところも共通している．このように生体恒常性は幾重もの調節メカニズムによって保たれ，これに**フィードバック機構**が加わり，さらに厳密に調節される．

ホメオスタシスに働く自律神経系と内分泌系の違いは何であろうか．たと

1章 序論

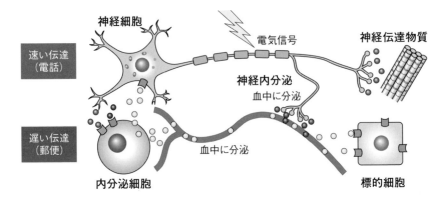

図 1.1　ホメオスタシスを支える神経系と内分泌系
それぞれ役割分担があり，神経系は速い情報伝達に，内分泌系はそれに続いて短期的・長期的な遅い情報伝達に関わっている．また，互いに神経伝達物質やホルモンを介して相互作用している場合がある．

えるなら，神経系は「固定電話」，内分泌系は「郵便」である（**図 1.1**）．情報の「伝わる速さ」や「経路」を想像してほしい．電話は，電話線を伝わる電気信号によって瞬時に相手に情報を伝えられる．神経も神経繊維を伝わる神経スパイクによって情報を標的細胞に瞬時に伝えられる．一方，内分泌系は，ホルモンが内分泌腺で合成され，放出されて血流に乗り，標的細胞にたどり着くまで時間がかかる．このことは，郵便のように伝えたいことが相手に届くまでに投函から配達されるまで時間を要することと似ている．神経系と内分泌系による調節は必要に応じて使い分けられ，神経系は即効的（緊急対応的）な効果，内分泌系は短期あるいは長期的な持続的な効果を発揮する．

伝達経路については，電話ならば電話線が通っているところ，すなわち神経系では神経繊維が張り巡らされているところへのみ情報が伝えられる．一方の郵便は，家々の間を隅々まで通っている道路によって情報が伝えられる．すべての細胞は体液に浸されているため，ホルモンは液性因子として体の隅々まで行き渡り，受容体があるところに情報を伝えることができる．この点は神経繊維が届いているところにのみ情報が伝わる神経系とはまったく異なる点である．

免疫系は緊急対応的な効果を発揮し，トラブルがあったときに道路と交通手段を使って要所にかけつける救急車にたとえることができよう．このように三者が協働することによって，セットポイントへの速やかな回復が実現するのである．

1.2.2 フィードバック制御

フィードバック制御（feedback control）は，ある系において，結果の情報を原因側に反映させることである．生体内では，ある反応系における産生物が，その反応系を自己調節する機構である．**正のフィードバック**（positive feedback）と**負のフィードバック**（negative feedback）がある．負のフィードバックはその反応系が進みすぎないように制御する，すなわち，産生物（たとえばホルモン）が，その生成過程経路の要所に働きかけ，産生速度を低下

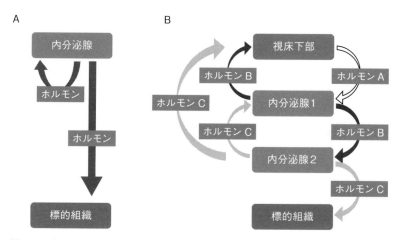

図1.2 負のフィードバック機構
(A) 超短経路：内分泌腺から分泌されたホルモンが標的器官にも作用するが，分泌されたホルモン自身が内分泌腺（細胞）に作用して，分泌を減少させていく．
(B) 短経路と長経路：たとえば，視床下部から分泌されたホルモンAが内分泌腺1に作用してホルモンBを分泌させる．ホルモンBは内分泌腺2に影響を与える一方，視床下部に分泌を抑制する信号を送る．これを「短経路のフィードバック」という．また，内分泌腺2からホルモンCが分泌され，標的器官に作用する一方，ホルモンCは視床下部にまで作用して，ホルモンAの分泌をも抑制する．これを「長経路のフィードバック」という．（引用文献1-7を参考に作画）

させ，結果的にその反応系を減速あるいは停止させるような制御である（図1.2）．視床下部-下垂体-副腎軸（hypothalamo-pituitary-adrenal (HPA) axis）や視床下部-下垂体-生殖腺軸（hypothalamo-pituitary-gonadal (HPG) axis）と呼ばれる経路がその例である．負のフィードバックには**超短経路**（図1.2A）

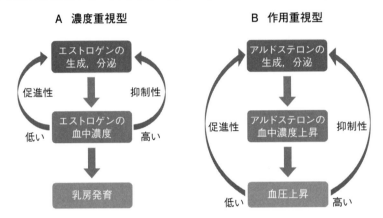

図1.3　負フィードバックの調節を引き起こす要因
（A）はエストロゲンの例で，血中濃度の高低が，その生成や分泌に影響を与える．（B）はアルドステロンの例で，血中濃度ではなく，アルドステロンの血中濃度の上昇の結果として引き起こされる血圧上昇の程度の高低でアルドステロンの生成・分泌が調節される．

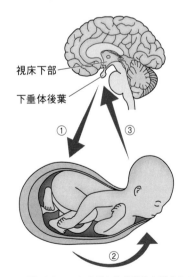

図1.4　正のフィードバック機構
分娩時の子宮筋収縮に対するオキシトシンの分泌を示す．①下垂体後葉から分泌されたオキシトシンは子宮の平滑筋に働き，律動的な収縮運動を促す．②子宮が収縮することで，胎児が押し出され，胎児の頭部が子宮頸部を押し広げることが物理的に刺激となる．③子宮頸部の物理的刺激は神経によって視床下部の室傍核や視索上核に伝達され，さらにオキシトシンの分泌を促す．この一連の経路が繰り返されることで，平滑筋の律動的な収縮が連動し，分娩が行われる．

や**短経路**，**長経路**（図 1.2B）の調節があり，シグナルとなる要因には，血中のホルモン濃度（図 1.3A）やホルモンによる作用（反応）（図 1.3B）がある．一方，正のフィードバックは，ある代謝や合成でつくられた産生物が，さらにその産生物の代謝や合成を促進するシステムである．たとえば，出産時に働く**オキシトシン**が挙げられる（図 1.4）．オキシトシンが分泌されると子宮筋が収縮し，これが刺激となりさらにオキシトシンが分泌される．

1.3 免疫系とホメオスタシス

免疫系がホメオスタシスの維持に関わることは前述したが，神経系，内分泌系と同様に免疫系も脳で制御されている．生体は病原体が進入すると，脳からのシグナルによって，それに対抗しようとする多重の免疫システムが稼動する．

1.3.1 脳と免疫系

すべてのストレスは脳で統合され，視床下部からは**副腎皮質刺激ホルモン放出ホルモン**（corticotropin-releasing hormone：CRH）が分泌される．その後，内分泌系と自律神経系が活動を始める．内分泌系では，CRH が下垂体から**副腎皮質刺激ホルモン**（adrenocorticotropic hormone：ACTH）と **β-エンドルフィン**の分泌を促す．β-エンドルフィンは別名脳内麻薬とも呼ばれ，痛みや不安，緊張を和らげる効果を発揮する．一方，ACTH は副腎皮質から**コルチゾル**（cortisol）を分泌させる．コルチゾルは免疫を活性化させ，体をストレス状態から守るように働く．他方，自律神経系は交感神経を活性化し，**ノルアドレナリン**の分泌を促す．ノルアドレナリンの刺激を受けた副腎髄質は**アドレナリン**を分泌し，血管の収縮や血圧の上昇，心拍数の増加など，代謝を高め緊張状態となることにより，ストレスに対抗する内部環境を維持する．

1.3.2 腸と免疫系

病原体の多くは，口を通じて体に侵入する．免疫細胞の実に約 6 割は腸内に待機し，侵入してくる異物と戦っている．また**腸内細菌**が免疫系や神経系，内分泌系の調整に関与している．**腸内フローラ**という言葉を聞いたことがあ

るだろうか．腸内には100種類以上，100兆個の腸内細菌が存在し，とくに小腸の末端部から大腸には腸内細菌が種類ごとにまとまって腸壁に生息している．この様子はさながら花畑のようであることから名づけられた．

われわれヒトの免疫系は，腸内細菌と密接に連携しながら正常な免疫反応を維持している．たとえば，腸内細菌の状態が良好なときは，コルチゾルなどのストレスホルモンの産生・分泌も少なく，自律神経系がバランスよく機能してストレスに適切に対応できる．一方，ストレスによって交感神経が興奮すると，消化管機能の低下，腸内細菌の不調が神経を介して脳に伝達されて体全体の不調をきたす．また，消化管ホルモンが腸の状態や腸内細菌に影響を与える場合や，逆に腸や腸内細菌の状態が消化管ホルモン分泌に影響することもある．

1.4 体液環境としての細胞内液・外液の組成とその調節

本巻では，以後のいくつかの章において，脊椎動物における体液の恒常性維持機構について詳しく解説している．ここで体液について基本的なことを概説しておこう．

成人男性の場合，水（体液）は体重の約60%を占める（図1.5）．この割合をきちんと維持・管理することが内部環境を安定させ，正常な細胞活動を保つために重要である．60%の体液の内訳は40%が細胞の内部にある体液（**細胞内液**），20%が細胞の外にある体液（**細胞外液**）である（図1.5）．細胞内液は体重60 kgのヒトであれば24 Lほどになる．細胞外液は**細胞間液（間質液）**が11 L，**脈管内液**として血漿が2.5 L，その他，**リンパ液・脊髄液・関節滑液**が0.9 Lほどである．

生命は原始の海に誕生し，汽水域を経て川（淡水）から陸上へと進出した．淡水の塩分（とくにNa^+濃度）は海水の約500 mMに対してわずか0.01〜1 mM，汽水域では淡水と海水の間を大きく変動する．これは生体にとってきわめて不安定な環境である．現存の脊椎動物の細胞外液の組成や電解質濃度は海水の約3分の1から4分の1，Na^+濃度にして約120〜150 mMであり，これは生命が誕生した当時の原始海水のNaCl濃度に似ているといわれ

1.4 体液環境としての細胞内液・外液の組成とその調節

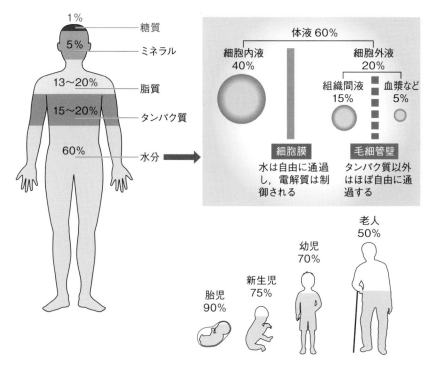

図 1.5　成人男性の体の構成成分に占める水分の割合
成人男性では 60％（女性は 55％）であり，細胞内液が 3 分の 2，細胞外液が 3 分の 1 を占める．水分量は年齢で異なり，胎児では 90％，新生児では 75％，幼児で 70％，老人では 50％である．

ている．

　多細胞動物の体細胞は「体内の海」にたとえられる細胞外液のなかに浸っている．そのため，細胞外液の量やイオン組成，浸透圧の恒常性の維持は，生命活動の存続に大きく関わってくる．細胞外液は**細胞間液**と**脈管内液（血漿など）** に区分される．細胞間液は毛細血管から血漿が漏れ出てきたもので，細胞環境の本態であり，電解質（イオン）組成は血漿ときわめてよく似ている．このため，細胞間液の組成や濃度は，血漿の変動によって直接影響される．

　細胞外液の組成と量の調節には，**浸透圧調節**（電解質や溶質の調節）と**容量調節**（循環血漿量の調節）がある．これらの調節は独立しているわけでは

なく，それぞれ密接に関係しあっている．細胞外液の電解質組成の特徴は，Na^+（約 140 mM）と Cl^-（約 110 mM）が多く，細胞内液は K^+（約 150 mM）とリン酸イオン（HPO_4^{2-}）（約 100 mM）が主成分である．体液浸透圧は体液中に存在する溶質濃度の総和によって決まるため，Na^+ と Cl^- が細胞外液の量と浸透圧を決める重要な溶質となる．細胞外液の恒常性維持には神経系と内分泌系が重要な役割を果たしており，機能するホルモン類は，**水・電解質（代謝）ホルモン**（hydromineral hormones），**体液調節ホルモン**（body fluid-regulating hormones）あるいは**浸透圧調節ホルモン**（osmoregulatory hormones）と呼ばれ，しばしば同義に使用される．ホルモンによる生体のホメオスタシス維持機構の詳細は本巻の各章に譲る．

1.5　さまざまな浸透圧調節

現世の海には原生動物から脊椎動物までさまざまな生物が生息している．海生無脊椎動物やヌタウナギ類の体液のイオンは，組成も濃度も周囲の海水にほぼ等しい．原始海水に比べて塩濃度は高くなったものの，海はそこに生きる動物にとってイオンの変動が少なく安定した環境であり，細胞の機能や構造を保つ上で都合がよい．このように外部の浸透圧変化に体液環境を適合させて生きる動物は**浸透圧順応型動物**（osmoconformer）と呼ばれる．一方，外部環境とは独立した体液環境を現在の海水のほぼ 3 分の 1 から 4 分の 1 に維持する構造と機能を備えた動物を**浸透圧調節型動物**（osmoregulator）という．この浸透圧調節様式には**高浸透圧調節**と**低浸透圧調節**がある．

高浸透圧調節は体内の浸透圧を高める調節様式である．淡水魚が生息する汽水域や淡水中では，体液よりも環境水のほうが塩濃度が低い．そのため，体表からの水や塩類の透過性を抑制し，腎臓から多量の低張な尿を排出し，体外から塩類を取り込む．それに対して，低浸透圧調節は体内の浸透圧を下げる調節のことをいう．海水魚が生息する海水中では，体液よりも環境水のほうが塩濃度が高く，脱水や塩類の侵入がある．そのため，海水を飲んで腸から水を吸収し，鰓に存在する塩類細胞から体内に過剰となる NaCl を能動輸送によって体外に排出する．

浸透圧調節型動物において，この高浸透圧調節と低浸透圧調節の両方の能力を兼ね備えた魚類がいる．サケやアユ（*Plecoglossus altivelis*），ウナギのように海と川を往来できる魚である．この性質を**広塩性**（euryhaline）という．一方，高浸透圧調節あるいは低浸透圧調節のいずれかの能力しかもたず，川あるいは海にしか適応できない魚は**狭塩性**（stenohaline）魚と呼ばれる．

1.6 体液恒常性を制御する機構 − ナトリウムセンサーと浸透圧センサー −

個体，器官，細胞レベルの体液調節やその機構については本巻の各章に譲るが，体液の浸透圧の変化を感受する本体はなんだろうか．先述のように細胞外液の主たる構成成分は Na^+ と Cl^- であるが，体液浸透圧の変化は<u>Na^+そのものの濃度の変化を感受するセンサー</u>と，それとは別に<u>浸透圧の変化を感受するセンサー</u>によって監視されている．

1.6.1 ナトリウムセンサー

電位依存性ナトリウムチャネルと似たアミノ酸配列をもつ「Na_x」と呼ばれる**チャネル**が知られている[1-1]．脳の**第三脳室**の前壁に位置する**脳弓下器官**（subfornical organ：SFO）や**終板脈管器官**（organum vasculosum laminae terminalis：OVLT）という**脳室周囲器官**と呼ばれる神経核群の神経細胞を取り巻く**グリア細胞**の膜表面に存在し，Na^+濃度が 150 mM を超えると開く性質をもつ．体液Na^+濃度の上昇をNa_xが感受すると，グリア細胞内の Na^+/K^+-ATPアーゼが活性化するとともにグルコース代謝が活性化した結果，乳酸の産生・分泌が増加する．この乳酸が脳室周囲器官に存在するGABA神経細胞の発火頻度を増加させ[1-2]，この神経細胞が塩分摂取行動を制御する神経細胞の活性を調節することでNa摂取欲が調節される．最近，SFOに存在するNa_xが脱水時の塩分摂取行動の制御に重要であることが，Na_xの遺伝子を欠損させたマウスを用いた実験でわかってきた．

1.6.2 浸透圧センサー
Transient Receptor Potential（TRP）チャネル（一過性受容器電位チャネル）

は，1989年にショウジョウバエで光を受容する細胞の応答が異常を示す原因遺伝子 (*trp*) として発見され，のちに細胞の感覚センサーとして機能していることが明らかとなった．6回膜貫通領域をもつ**陽イオンチャネル**で，哺乳類では29種類の遺伝子が6つのサブファミリー（TRPC，TRPM，TRPV，TRPML，TRPP，TRPA）に分類されている．その役割は，環境の変化を感知する**センサータンパク質**として働き，受容する刺激は浸透圧だけでなく，酸化ストレス，細胞内 Ca^{2+} 濃度の上昇，温度変化，酸塩基（pH）変化，機械刺激などさまざまである．とくに TRPM，TRPV，TRPP，TRPA は浸透圧の刺激で活性化するチャネルとして知られている．

具体例を示そう．TRPVファミリーのなかで，トウガラシの辛味成分カプサイシンや熱，酸などの刺激に応答して開口するチャネル分子として vanilloid receptor（**TRPV1：バニロイド受容体，カプサイシン受容体**）がある．ラットのTRPV1は体温付近で浸透圧感受性を示すが，温度が体温付近から外れると感受性が低下する．また，36℃に保って浸透圧を変動させると，平常時の体液浸透圧（300ミリオスモル（mOsm/kg H_2O））よりも低浸透圧では細胞内への Ca^{2+} の流入が減少し，高浸透圧では逆に流入が増加する．このことは，TRPV1は正常体温付近で体液浸透圧の上昇をより良く感知する性質をもつことを示している．一方，水チャネルのアクアポリンの働きを阻害して浸透圧変化による細胞容積の変化を抑えると，応答が減弱する．このことは，TRPV1は，浸透圧の変動にともなう細胞膜の張力の変化を感知して開口することを示唆する．この応答は，酸やカプサイシンによって相乗的に増強され，カプサイシンに対する応答も浸透圧上昇によって増強される．TRPV1は，生体内の高浸透圧を感知するセンサーとして機能すると同時に，複数の異なる活性化刺激を受容する性質をもっているのである．

1.7　環境適応に関わる遺伝子

近年，**ゲノム科学**が発展し，さまざまな動植物のゲノムDNAの**塩基配列**が解読されている．生物はホメオスタシスに護られながら多様な地球環境に適応放散してきたが，4つの塩基の並びからなる膨大な遺伝子情報からなる

形づくりの設計図には，これまでの長い進化の歴史の跡が刻まれている．したがって，遺伝子の違いを比べれば，環境適応能の違いが見えてくる可能性がある．

　魚類において同属でありながら，一方は海水に生存でき，もう一方は生存できない魚がいる．遺伝子セット全体からみると，それほど大差はないはずである．アフリカに生息するカワスズメ科の真骨類には，環境塩分濃度の変化に対して耐性が弱いナイルティラピア（*Oreochromis niloticus*）と，耐性が強いモザンビークティラピア（*O. mossambicus*）という2種がいる．最近，**RNA シーケンシング（RNA-seq）**の技術を用いて，これらの塩分耐性に関わる遺伝子の探索・同定がなされ，鰓や腎臓とともに重要な体液調節器官である前腸において，68個の遺伝子発現の違いが明らかにされた．おもな違いは輸送体やイオンチャネルに関係した遺伝子であった[1-3]．また，鰓において環境水の塩濃度の変化で発現が変動する遺伝子[1-4]や，リモデリングに重要な遺伝子 *ndrg1* の存在もわかってきた[1-5]．さらに海水移行初期に重要な役割をしていると考えられる浸透圧ストレス転写因子1（Osmotic stress transcription factor 1：Ostf1）が発見され，ウナギなど複数の真骨魚で相同な遺伝子が存在することがわかり，海水適応時の具体的な関わりについての研究が進められている[1-6]．ひと昔前までは，遺伝子配列を調べること，また，それをさまざまな動物種で比べることは時間的，費用的，また技術的にも非常に困難であったが，今日の分子遺伝学や遺伝子解析技術の進歩は，動物の適応や進化の過程をも明らかにする重要なツールとなりうるだろう．

1.8　おわりに

　恒常性の維持機構は，神経系，内分泌系，免疫系の調節にフィードバック機構が加わり，複合的かつ統合的な働きで支えられている．このシステムの全貌は，各遺伝子セットの全構成がわかったとしても解明することは困難であろう．なぜならば，恒常性維持機構は高度に複雑な系であって，構成要素のみの解析では不十分だからである．今後は遺伝子レベルから分子レベル，細胞レベルから個体レベルへと階層的な解析を積み重ねることや，遺伝子改

1章 序　論

変動物を用いたアプローチによって，そのホメオスタシス現象を統合的に捉える努力が必要となるだろう．また，さまざまな環境に適応した動物の恒常性維持機構を比較解析することで，適応や進化の道のり，戦略について理解できるようになるだろう．本巻がその一助になることを願っている．

1章 参考書

Bernard, C.（三浦岱栄 訳）（1970）『実験医学序説』岩波文庫.

Cannon, W. B.（舘　鄰・舘 澄江 訳）（1981）『からだの知恵』講談社学術文庫.

飯野靖彦（1999）進化と水『ナースに必要な輸液の知識』五関謹秀・飯野靖彦 編，へるす出版，p.5-7.

飯野靖彦（2006）体液『水・電解質がわかる輸液ケア Q&A』飯野靖彦 編，中山書店，p.4-5.

加藤 勝（1987）『ホメオスタシスの謎』講談社.

日本比較内分泌学会 編（1997）『ホメオスタシス』学会出版センター.

野田昌晴（2008）『脳内ナトリウムセンサー分子と浸透圧センサー分子の機能』平成18年度助成研究報告集Ⅱ.

沼田朋大ら（2009）生化学, **81**: 962-983.

山下敦子（2014）生化学, **86**: 513-517.

1章 引用文献

1-1) Hiyama, T. Y. *et al.* (2002) Nat. Neurosci., **6**: 511-512.

1-2) Shimizu, H. *et al.* (2007) Neuron, **54**: 59-72.

1-3) Ronkin, D. *et al.* (2015) Comp. Biochem. Physiol. Part D Genomics Proteomics, **13**: 35-43.

1-4) Lam, S. H. *et al.* (2014) BMC Genomics, **15**: 921.

1-5) Kültz, D. *et al.* (2013) Mol. Cell Proteomics, **12**: 3962-3975.

1-6) Tse, W. K. F. (2014) Front. Zool., **11**: 86.

1-7) 井村裕夫ら 監修（1997）『内分泌・代謝病学』第4版，医学書院，p. 6.

第 1 部　体液調節機構の進化

　生物は原始の海に生まれ，何十億年という長い時間をかけて水中から陸上へ，そして多様な地球環境に適応放散している．環境への適応過程において，体の水や電解質の恒常性を保つしくみの確立は最重要課題であったに違いない．体内環境を形成する体液は細胞外液と細胞内液に大別される．無脊椎動物のなかには体水分が 90％ 以上を占めている種も知られているが，脊椎動物の体水分は体重の約 60 〜 70％ である．体液の恒常性維持には，体液量，体液のイオン組成と濃度を保つことが重要であり，体液調節あるいは浸透圧調節と呼ばれている．

　第 1 部では脊椎動物の進化の過程を追って，魚類，両生類，そして陸上動物の体液調節（浸透圧調節）の戦略について解説する．魚類は海水，汽水，淡水などに生息している．両生類は水中，半陸生あるいは陸生の種がいる．爬虫類，鳥類，哺乳類は陸，水，空など多様な環境に生息している．脊椎動物の普遍的な，また独特な体液調節の機構について学んでいただきたい．

2. 魚　類

兵藤　晋

　「浸透圧調節」は，ホメオスタシス維持のなかで最も重要な現象の1つである．なかでも，水生動物にとって浸透圧調節はきわめて重要である．水生動物が生息する環境は，浸透圧がほぼゼロの淡水から，浸透圧の非常に高い海水までさまざまであり，さらには，水が蒸発しやすい干潟や，死海のような塩水湖では，通常の海水以上の浸透圧となる．このような多様な浸透圧環境に魚類はどのように適応しているのだろうか？本章ではそのしくみについて俯瞰するとともに，進化という観点から浸透圧調節を論じる．

　体表を介して常に水と接する魚類にとって，浸透圧調節はきわめて重要である．浸透圧調節のしくみは動物群によってさまざまであり，淡水魚と海水魚ではまったく異なる．さらに，サケやウナギなどのような，淡水環境と海水環境を行き来する広塩性魚は，生活史のなかで淡水魚にも海水魚にもなることができるという，驚くべき能力をもっている．浸透圧調節は，鰓，腎臓，消化管といった多数の器官が協調的に働くことにより，はじめて可能となる．

2.1　浸透圧調節の2つのしくみ：順応と調節

　それぞれの動物群の浸透圧調節のしくみを紹介する前に，まずは浸透圧調節を論じる場合の重要な点を整理してみよう．

2.1.1　浸透圧調節のターゲットは「血液」である

　序論で述べられたとおり，われわれの体を構成する**体液**は**細胞内液**と**細胞外液**に分けられる．細胞外液はさらに，**細胞間液（間質液）**と**脈管内液（血液）**に分けられる．もし浸透圧が細胞内外で異なると，どうなるだろうか．たとえば，赤血球を低張液に入れたとする．細胞外液のほうが細胞内液よりも浸

透圧が低いために，細胞の外から中へと向かって水が移動し，赤血球は膨らんで破裂してしまう．逆に細胞内の浸透圧が低いと，水が細胞の中から外へと移動し，細胞は収縮してしまう．それゆえ，体内がどのような浸透圧かにかかわらず，細胞内液と細胞外液の浸透圧はほぼ等しい．

魚類を含め，複雑な体制をもつ多細胞生物では，細胞は細胞間液に浸っており，血液やリンパ液（脈管内液）によって必要な物質が供給され，不要な物質が回収・排出される．それゆえ，<u>浸透圧調節のターゲットは血液</u>であり，本章でも血液の組成を対象として浸透圧調節を論じていく．

2.1.2 浸透圧調節のしくみは「順応」と「調節」に大別できる

魚類の体内の浸透圧を，生息環境との比較という観点から考えると，大きく2つに分けることができる．すなわち，生息環境の浸透圧と「等しい」か「異なる」か，である．体内の浸透圧が外部環境と等しい場合，環境の浸透圧に「順応する」という．一方，外部環境の浸透圧とは異なる場合には，体内を環境の浸透圧から独立させて「調節する」のである．

淡水環境の場合，環境の浸透圧はほぼゼロである．動物の体内にはイオンや栄養素をはじめとするさまざまな分子が存在しており，体液の浸透圧がゼロということはあり得ない．したがって，淡水環境では，生物は必ず「**調節型**」の浸透圧調節を行っている．一方，海水環境では，「調節型」と「順応型」の両方の浸透圧調節を行う生物が存在する．現生の魚類は，無顎類（円口類），軟骨魚類，硬骨魚類から構成されるが，本章ではこれらの動物群を「調節型」と「順応型」に分類し，脊椎動物の進化という観点から浸透圧調節を論じる．

「調節型」の場合，外部がどのような環境であるかにかかわらず，体内の環境を常に一定の最適な状態に維持することができる．外部環境が変化した場合にも体内のイオン濃度や浸透圧を維持できるという点で，「調節型」のしくみはとても優れている．海と川を行き来する広塩性魚はその典型的な例である（コラム2.1参照）．一方，海洋のように，外部のイオン組成や濃度，浸透圧環境がほぼ一定である場合には，「順応型」でも体内環境を一定に保つことができる．

2.2 硬骨魚条鰭類の浸透圧調節

まずは，最もよく研究され，われわれがふだん目にすることの多い条鰭類から見ていこう．条鰭類の体液浸透圧を一言で表すと，海水の約3分の1である(図2.1)．これはわれわれヒトを含む陸上脊椎動物も同じである(ただし，肺魚や両生類など，約4分の1の生物もいる)．さらに言えば，条鰭類は淡水環境でも海水環境でも，体内浸透圧は「海水の約3分の1」に保たれている．血漿中の浸透圧の大部分をNaClが構成するため，条鰭類にとってNaCl濃度の調節が浸透圧調節を意味する．つまり，条鰭類は「イオン・浸透圧調節型動物」である（**表2.1**）．

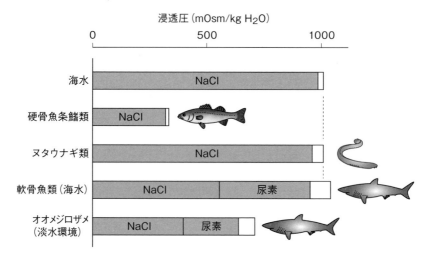

図2.1 魚類の血漿の組成
　硬骨魚条鰭類の血漿は海水の約3分の1の浸透圧であり，その浸透圧の大部分をNaClが構成する．一方で，無顎類のヌタウナギ類の血漿のイオン組成は海水とほぼ同じである．海水中に生息する軟骨魚類は，血漿中のNaClを海水の約2分の1に調節するが，高濃度の尿素を蓄積することで，海水よりもわずかに高い浸透圧を維持している．オオメジロザメ（*Carcharhinus leucas*）のような広塩性種では，淡水環境に入っても尿素を保持しており，いわゆる淡水魚の約2倍の浸透圧をもつ（コラム2.1参照）．図中の点線は海水と同じ浸透圧であることを，グラフの白い部分はその他の物質を示す．

表 2.1　脊椎動物の体液調節戦略とその特徴

	ヌタウナギ類	軟骨魚類 シーラカンス	ヤツメウナギ類 硬骨魚条鰭類
体液調節の戦略	イオン順応 浸透圧順応	イオン調節 浸透圧順応	イオン調節 浸透圧調節
体液の特徴	二価イオンなど調節する塩類もある．細胞内にアミノ酸などのオスモライトを蓄積．	尿素を体内に保持して脱水から免れる．TMAOなどを同時に保持して酵素活性を維持．	淡水環境でも海水環境でもほぼ同じ体液組成．広塩性種は切り替えが可能．

2.2.1　淡水環境における条鰭類の浸透圧調節

淡水中では，体外環境に比べて体液のイオン濃度と浸透圧が高い．そのため，鰓のような透過性の高い上皮組織を介して，浸透圧差により水が体内に流入し，逆にイオンを失う（図 2.2）．このような状況であるにもかかわらず，体内のイオン・浸透圧環境を一定に維持できるのは，体内に過剰となる水を排出し，不足するイオンを取り込むしくみをもつからである．イオンの取り込みには鰓の**塩類細胞**（5 章参照）が，水の排出には**腎臓**（6 章参照）が重要な役割を果たしている（図 2.2）．

淡水型の塩類細胞では，側底膜に存在する Na^+/K^+-ATP アーゼ（NKA）が塩類細胞内の Na^+ 濃度を低下させる．これが駆動力となり，環境水と接する側の細胞膜である頂端膜に存在する **Na^+-Cl^- 共輸送体**（NCC）や **Na^+/H^+ 交換輸送体**（NHE）を介して環境水から NaCl を取り込む（5 章参照）．

魚類が腎臓で尿を作るしくみは，基本的にヒトと同じである．糸球体で血漿成分を濾過し，濾過した原尿が尿細管を通る間に栄養素をはじめとする必要な物質を再吸収する．脊椎動物において，腎臓は体内に過剰となる水を排出できる唯一の器官であり，淡水に生息するために必要不可欠である．淡水中では，過剰となる水を排出するため，糸球体での濾過量が多い．糸球体では細胞や大きな分子以外は非選択的に濾過されてしまうため，もし濾過されたイオンを再吸収することなく尿が排出されてしまうと，体液のイオン濃度

2章 魚類

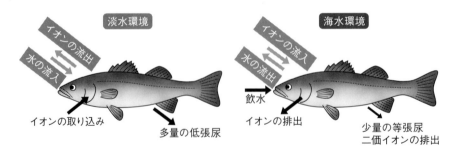

図 2.2 硬骨魚条鰭類の体液調節の全体像
淡水環境では，体内のイオン，浸透圧ともに環境よりも高いため，体内からイオンが流出し，水が流入する．そのため，条鰭類は鰓の塩類細胞からイオンを取り込み，多量の低張尿として過剰となる水を腎臓から排出する．一方，海水環境では，海水の方がイオン，浸透圧ともに高いため，体内にイオンが流入し，水が奪われる．そこで，条鰭類は海水を飲んで水を補給し，過剰となる NaCl を鰓の塩類細胞から排出する．二価イオンは少量の等張尿として腎臓から排出する．グレーの矢印は環境との受動的な物質の移動を，黒の矢印は魚による積極的な物質の移動を示す．

を維持することができなくなる．そこで，おもに遠位尿細管において原尿から NaCl を能動的に再吸収し，できるだけ塩分の薄い尿を排出する（図 2.2）．

2.2.2 海水環境における条鰭類の浸透圧調節

海水は，条鰭類にとって淡水とは正反対の環境である．すなわち，海水のイオン濃度と浸透圧は，体液の約 3 倍である（図 2.1）．したがって，浸透圧差により水が奪われ，NaCl が受動的に侵入する（図 2.2）．海に棲む条鰭類の浸透圧調節にとって最も重要なことは「体内に水を取り込む」ことである．だからといって，河川に行って淡水を飲むわけにはいかない．では，どうするか．海水魚は周りにある海水を飲むのである．

海水魚は飲んだ海水から水を体内に補給するのだが，海水から水だけを吸収することはできない．水は，アクアポリンという水を通す穴（膜タンパク質）を介して体内に移動させる（7 章参照）．その水分子を動かすための駆動力は浸透圧差であり，浸透圧の低い側から高い側に向かって水分子が移動する．しかしながら，海水の浸透圧は体液よりも高いため，飲んだ海水から

体液へと直接水を移動させることができない．そこで海水魚は，飲んだ海水のなかから，いったん NaCl を食道などから体内に吸収し，飲んだ海水のイオン濃度を体液よりも低くする．この脱塩と呼ばれる過程を経ることにより，その後，消化管で水を体内に取り込むことができる．

このように海水魚においては，体表を通して海水から NaCl が受動的に侵入するだけでなく，消化管からも多量の NaCl が体内に吸収される．そのために過剰となった NaCl を排出する場が鰓の塩類細胞である（図 2.2）．塩類細胞には機能の異なる淡水型，海水型の細胞があり，淡水魚は塩類細胞によって環境水から NaCl を吸収するが，海水魚は逆に NaCl を排出するのである．詳細は 5 章を参照されたい．一方，海水中に多量に含まれ体内に過剰となる Mg^{2+} や SO_4^{2-} などの二価イオンは腎臓から排出される．また，尿をつくる過程で水分を失うことを避けるため，糸球体での濾過量を極力少なくしている．このため一般的に，海水魚は淡水魚よりも糸球体数が少なく糸球体の大きさも小さいが，アンコウ（*Lophius piscatorius*）など糸球体そのものを失ってしまったものもいる（6 章参照）．

2.3 無顎類の浸透圧調節

現生の無顎類（円口類）は，ヌタウナギ類とヤツメウナギ類の 2 つの動物群からなる．それらの系統分類についてはまだ議論の余地があるが，無顎類という単系統群の中に存在する姉妹群だという考えが有力である．しかしながら，その浸透圧調節のしくみは，両群でまったく異なる．ヤツメウナギ類が条鰭類と同じ「イオン・浸透圧調節型」であるのに対し，ヌタウナギ類は「イオン・浸透圧順応型」なのである（表 2.1）．

ヤツメウナギ類には，スナヤツメ（*Lethenteron reissneri*）のように一生を河川で過ごす種や，カワヤツメ（*Lethenteron japonicum*）やウミヤツメ（*Petromyzon marinus*）のように河川で生まれて変態後は海（あるいは湖）に生息し，産卵のために川に遡上する種がいる．コラム 2.1 でも紹介するとおり，われわれにとってサケやウナギは馴染み深い広塩性魚だが，ヤツメウナギ類にも広塩性種が存在するのである．カワヤツメやウミヤツメは条鰭類

と同様，海水環境でも淡水環境でも体液浸透圧を「海水の約3分の1」に維持する．

一方，ヌタウナギ類の生息環境は生涯を通して海水であり，血液のイオン濃度と浸透圧は海水とほぼ等しい（図2.1）．それゆえ，「イオン・浸透圧調節型」の条鰭類で生じる，環境との水やイオンの受動的移動が起こらない．これを，「イオン・浸透圧順応型」とよぶ（表2.1）．脊椎動物において「イオン・浸透圧順応型」なのはヌタウナギ類だけであるが，海生の無脊椎動物はほぼすべて「イオン・浸透圧順応型」である．進化の観点で見れば，ヌタウナギ類の体液調節は無脊椎動物型であり，ヤツメウナギ類は脊椎動物型と言える．

それでは，ヌタウナギ類や海生無脊椎動物が体液調節に関して何もしていないのかというと，そうではない．血液中の一価イオン濃度は海水とほぼ同じだが，Mg^{2+}やSO_4^{2-}などの二価イオンは体外よりも低く調節されている．また，細胞内のイオン組成や濃度はヌタウナギ類，ヤツメウナギ類，条鰭類の間で大きくは変わらない．海生無脊椎動物の細胞内の電解質を調べると，その総和は海水の浸透圧の約半分であり，そのままでは細胞は脱水されてしまう．これを回避するため，細胞内に浸透圧を上げうる分子を高濃度に貯めこんでいる．多くの場合，アラニンやプロリン，グリシン，タウリンなどのアミノ酸およびその誘導体，ベタインやトリメチルアミンオキシド（TMAO）などである．これらの蓄積は細胞内の酵素活性を阻害することがなく，細胞内の総浸透圧は細胞外液と等張に保たれる．

2.4 軟骨魚類の浸透圧調節：サメは順応型か，調節型か？

ここまで説明してきたように，海生の無脊椎動物やヌタウナギ類は海水とほぼ同じ体液組成をもつ「イオン・浸透圧順応型動物」であり，脊椎動物の多くは環境から独立した体液組成を維持する「イオン・浸透圧調節型動物」である．しかしながら，サメ・エイ・ギンザメのような軟骨魚類の体液調節はこの両者に属さない．軟骨魚類の浸透圧調節の特徴を一言で表すと，「**尿素を体内に貯めこむ**」ということになる．

図2.1を見ていただきたい．サメやエイは血漿のNaCl濃度を海水の半分

2.4 軟骨魚類の浸透圧調節：サメは順応型か，調節型か？

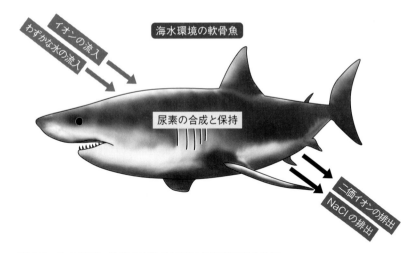

図 2.3　海水環境に生息する軟骨魚類の体液調節の全体像
軟骨魚類は体内に尿素を保持することで脱水から免れているため，海水を飲む必要がない．そのため NaCl の流入は条鰭類に比べて少なく，鰓から排出はしていないようである．その代わりに NaCl は直腸腺という特有の器官から排出される．二価イオンは腎臓を介して排出される．尿素は肝臓や筋肉でつくられ，鰓や腎臓には尿素を失わないようにするしくみが備わっている．グレーの矢印は環境との受動的な物質の移動を，黒の矢印は腎臓を介しての排出を示す．

以下に調節しており，この点では「調節型」である．一方，血漿中に高濃度の尿素を保持することで，低いイオン濃度にもかかわらず海水と同等の浸透圧を維持している．このことからは，「浸透圧順応型動物」といえる．すなわち，イオンについては体内を外界とは独立した環境として維持しつつ，海水という高い浸透圧環境でも脱水から免れている．つまり，「イオン調節型・浸透圧順応型動物」である（**表 2.1**）．ただし，体内の浸透圧は環境水よりもわずかに高い（**図 2.1**）．この体内外の浸透圧差によって，わずかに水が体内へと流入し，海水中で脱水されないだけではなく，逆に水を取り込んでいる（**図 2.3**）．以上のとおり，ヌタウナギ類の「順応」とは異なり，体液浸透圧を環境に「順応するよう調節している」，あるいは「積極的に順応させている」のである．

サメやエイは，血液中だけでなく，細胞内にも尿素を貯めこみ，細胞内の

浸透圧を調節している．尿素はタンパク質や核酸を変性させる性質をもつが，軟骨魚類がもつ高濃度の尿素は，細胞内の酵素活性などを阻害し，生命活動に悪影響を及ぼさないのだろうか．じつは，軟骨魚類は細胞内に尿素だけでなく，TMAO やベタインといったメチルアミン類を尿素と約 2：1 の比率でもつ．TMAO が存在しない場合には酵素活性が大きく低下するものの，TMAO を加えることにより酵素活性が維持される．この尿素と TMAO の相互作用は solute counteraction などと呼ばれている．

　尿素を体内に蓄積するためには，肝臓や筋肉などの器官でアンモニアから尿素を合成する（図 2.3）．同時に，鰓では尿素の透過性を下げ，腎臓では原尿から尿素を再吸収することで，体外に尿素が失われないようにしている．軟骨魚類は，直腸腺と呼ばれる NaCl の排出に特化した器官をもつ．鰓には塩類細胞が存在するが，NaCl の排出を行うのではなく，海水中では酸塩基平衡の調節に，淡水中ではイオンの取り込みに重要であると考えられている．海水中で体内に過剰となる二価イオンの排出は，条鰭類と同様，腎臓が担っている．

2.5　浸透圧調節の進化：尿素はサメやエイだけのものか？

　浸透圧調節のしくみは，脊椎動物の進化とともに「順応型」から「調節型」へと変化してきた．このことには，現生の魚類が進化の過程で経験してきた生息環境が大きな影響を与えたと考えられる．

2.5.1　海水環境への再進出：調節型のしくみの利用

　無顎類のヌタウナギ類はこれまでずっと海水環境に生息しており，低塩分環境を経験したことがないと考えられている．塩分環境が安定している海洋においては，他の海生無脊椎動物と同様，血液（細胞外液）のイオン組成や浸透圧を海水に順応させておくことが，コストの観点から体内のホメオスタシスを維持する最善の方法なのだろう．一方，無顎類のなかでもヤツメウナギ類や，現生の軟骨魚類と硬骨魚類の祖先は，すべて淡水あるいは汽水域に進出して低塩分環境を経験し，その後，それぞれの環境に再進出し，現在

に至ったと考えられている．低塩分環境では，ヤツメウナギも淡水エイも条鰭類も，すべて同じしくみで環境に適応している．すなわち，鰓の塩類細胞で環境から塩類を取り込み，過剰となった体内の水を腎臓から排出する．塩類取り込み型の塩類細胞の獲得と希釈尿を排出できる腎システムの発達こそが，魚類の祖先が低塩分環境に進出するための鍵であったと考えられる．

その後，魚類の祖先は再び海水域に進出するときに，2つの異なる戦略をとった．1つは，ヤツメウナギ類や条鰭類などに見られる「イオン・浸透圧調節型」のしくみであり，塩類細胞に発現する膜輸送タンパク質を塩類排出型へと変化させた．腎臓では，体外に水を失わないようにするために，糸球体での濾過量をできるだけ少なくし，腎臓はMg^{2+}やSO_4^{2-}などの二価イオン排出に特化することとなった．アンコウなど一部の種では糸球体自体を失っている．また，浸透圧差によって生じる脱水を克服するため，海水を飲んで水を吸収するしくみを発達させた．

2.5.2 海水環境への再進出：順応型のしくみの利用

もう1つの戦略は，軟骨魚類が用いる尿素による浸透圧調節である．調節型の最大の問題は浸透圧差によって生じる脱水であり（**図 2.1 と図 2.2**），海水を飲んで脱塩する過程で体内の NaCl 濃度は上昇し，その排出の負荷が増す．しかし，体内外の浸透圧差をなくしてしまえば，これらのことはすべて解消できる．そこで用いたのが尿素である（**図 2.1**）．尿素はアンモニアから産生されるため，代謝にともなう窒素老廃物（窒素代謝産物ともいう）の有効利用とも考えられる．では，軟骨魚類は浸透圧調節のために尿素をつくるようになったのだろうか？

ここで，尿素のもう1つの重要な側面，すなわち窒素老廃物の排出に関わる進化を考えてみよう（**表 2.2**）．一次代謝産物であるアンモニアは毒性が強く，体内に貯めておくことができない．水生の魚類は体の周りに水が常に存在するため，アンモニアは鰓から排出しておけばよい（アンモニア排出性動物と呼ぶ）．しかしながら，脊椎動物が陸上へ進出すると，恒常的なアンモニアの排出ができなくなるため，窒素老廃物を毒性の低い尿素へと変換

2章 魚類

表2.2 脊椎動物における窒素老廃物の排出様式と尿素の利用

	軟骨魚類 シーラカンス	硬骨魚 条鰭類	両生類 幼生	両生類 成体	哺乳類
窒素老廃物の排出様式	尿素	アンモニア	アンモニア	尿素	尿素
尿素の利用目的	オスモライトとして、体液浸透圧を環境に合わせる	アンモニアを排出できない環境では毒性を下げるため	カニクイガエルなどではオスモライトとして、体液浸透圧を環境に合わせる		オスモライトとして腎臓髄質内層の浸透圧を高め、水を再吸収する

するようになった（尿素排出性動物と呼ぶ）。無尾両生類において、水生のオタマジャクシのときには窒素老廃物をアンモニアとして排出し、変態後には尿素として排出するのがよい例である。条鰭類でも、汚濁環境におけるアベハゼ（*Mugilogobius abei*）や、アルカリ湖に生息するティラピアの一種（*Alcolapia grahami*）など、アンモニアを排出しにくい環境では尿素に変換して排出するケースが知られている。ニジマス（*Oncorhynchus mykiss*）やグッピー（*Poecilia reticulata*）の胚では、尿素合成回路の律速酵素であるカルバミルリン酸合成酵素Ⅲの遺伝子発現が検出され、鰓が機能し始めるとともに減少する。これは、アンモニア排出の場である鰓が未発達な胚では、尿素が合成されることを示唆している。条鰭類は尿素を合成するための酵素系をすべてもっており、そのライフサイクルのなかで必要に応じて尿素を作っているのである。

以上の事実から、現生軟骨魚類の祖先も尿素合成能をもっており、低塩分環境では発生の初期など、必要に応じて尿素を作っていたのであろう。その軟骨魚類の祖先が再び海洋に進出する過程で、尿素をオスモライト（浸透圧有効物質）として利用するようになったのではないだろうか。それまでは成長にともない尿素の合成を止めてしまっていたが、成長後も合成し続けるようにしたことで、尿素による浸透圧調節のしくみを獲得し、海という高い浸透圧環境に容易に再進出できたのかもしれない。

2.5.3 尿素を利用するその他の脊椎動物：硬骨魚肉鰭類と四肢動物

軟骨魚類以外にも，尿素をオスモライトとして利用する脊椎動物はいるのだろうか？ 硬骨魚肉鰭類のシーラカンスが，尿素による浸透圧調節を行うことが知られている（**表 2.2**）．四肢動物の体液浸透圧は「海水の約 3 分の 1」であるが，そのなかにも尿素をオスモライトとして利用する動物群がいる．無尾両生類のカニクイガエル（*Fejervarya cancrivora*）は汽水域に生息しており，実験的にカニクイガエルを淡水からほぼ海水までのさまざまな塩濃度環境で飼育すると，環境浸透圧の上昇とともに体液中の尿素濃度が上昇する（**表 2.2**）．それにともない，体液浸透圧も環境水のレベルに調節される．さらに，われわれヒトを含む哺乳類もそうである．ヒトが海水浴をしたら体内に尿素が蓄積される，というわけではない．哺乳類の体内には尿素を蓄積している器官がある．それが「腎臓」である．腎臓の最大の役割は老廃物の排出であるが，尿を生成するときに水をどれだけ再吸収して体内に保持できるかが，水から離れて陸上で生活する生物にとって重要である．水を再吸収するために，腎臓髄質内層の浸透圧は体液の 3 倍以上になっている．この浸透圧差を利用して，尿細管内液から水を再吸収するのである（6 章参照）．そして，この高い浸透圧を構成するのが NaCl と尿素である（**表 2.2**）．軟骨魚類やシーラカンス，カニクイガエルが体内に尿素を溜めるのも，哺乳類が腎臓に尿素を溜めるのも，浸透圧を上昇させて水を体内に保持するという意味では同じである．つまり，尿素を利用する浸透圧調節は，広く脊椎動物に見られるしくみなのである．ヒトの腎臓髄質内層の浸透圧は 1,000 ミリオスモル（mOsm/kg H_2O）以上で，NaCl と尿素が約半分ずつの浸透圧を構成する．これはサメの血漿組成に類似している．「われわれヒトの腎臓の中には浸透圧調節の歴史が刻まれている」のかどうかはわからないが，こうしたことを想像するのもロマンであり，科学の楽しみである．

コラム 2.1
広塩性の謎

　サケは川で生まれて海に降り，数年間の成長期間を経て生まれた川に戻り，産卵を行う．ウナギは逆に海で生まれて川で成長し，繁殖のために海に戻る．このような大回遊を行うサケやウナギは**広塩性魚**の代表である．その他にもティラピアやメダカなど，海水と淡水の両環境に適応できる条鰭類は多数知られており，広塩性の条鰭類はその特徴から，ホメオスタシス研究に広く用いられる．広塩性魚は淡水環境では淡水魚として，海水環境では海水魚として環境に適応する．すなわち，淡水中では塩類細胞により塩類を取り込み，体内に過剰となる水を尿として排出する．海水に移すと塩類細胞は塩類排出型へと変化し（5章参照），尿の生成を抑え，海水を飲んで水を確保するしくみを発達させる（**図 2.2**）．しかしながら，長い研究の歴史にも関わらず，体を淡水型，海水型に変化させる引き金は不明である．なぜ狭塩性魚は体を変化させられないのか，広塩性魚と狭塩性魚の違いも未だ大きな謎である．

　軟骨魚類のサメやエイはほとんどが海生種であるが，ごく限られた数の広塩性種が知られている．たとえば，オオメジロザメ（*Carcharhinus leucas*）とノコギリエイ（*Pristis microdon*）である．また，防波堤などで目にするアカエイ（*Dasyatis akajei*）も汽水域に進入することが知られており，実験的には淡水環境でも生存できることが示唆されている．オオメジロザメやノコギリエイは河口域で出産し，生まれた子ザメ・子エイが河川に入る（**図 2.4**）．数年間河川で成長した後に海に降ると考えられているが，その生態は未だ謎である．淡水適応のしくみも広塩性条鰭類のそれとは異なる．海生軟骨魚が尿素による浸透圧調節を行うことは本文中で解説したが，完全に淡水に適応した淡水エイ（*Potamotrygon* 属）は尿素をもたず，淡水に棲む条鰭類と同じしくみで淡水環境に適応する．一方，オオメジロザメやノコギリエイは，淡水に入っても尿素をもち続ける．その体液浸透圧は 600 mOsm/kg H_2O 以上と，淡水魚の2倍に相当する（**図 2.1**）．なぜこのようなことが可能なのか？　なぜこのようなことをしなければならないのか？　すべてが謎に包まれている．河川での生態とともに，その生理学的メカニズムの解明に取り組んでいる．

2.5 浸透圧調節の進化：尿素はサメやエイだけのものか？

図2.4　オオメジロザメ
西表島の浦内川で捕獲されたオオメジロザメ（2歳魚，体長約1メートル）．

コラム 2.2
ゾウギンザメ：軟骨魚類で最も遺伝子解析が進んでいる魚

　軟骨魚類は，板鰓類（サメ・エイ）と全頭類（ギンザメ）の2つの系統からなる．サメ類ではトラザメ（*Scyliorhinus canicula*, *S. torazame*）やアブラツノザメ（*Squalus acanthias*），ドチザメ（*Triakis scyllium*）などが入手や飼育が容易なため，研究によく用いられる．一方，ギンザメ類の研究はほとんど進んでいない．しかしながら，この10年間に，ゾウギンザメ（*Callorhinchus milii*）というギンザメ類の1種にスポットライトが当てられた．ゾウギンザメは軟骨魚類のなかでゲノムサイズが小さく，ベンカテッシュ（B. Venkatesh），ブレナー（S. Brenner）らによってゲノムプロジェクトが進められた．2007年にドラフトゲノムが初めて公開され，2014年の1月にはその成果がNature誌に発表されるとともに，ゲノムやトランスクリプトームのデータが大幅にアップデートされた[2-1]．

2章 魚 類

　筆者がゾウギンザメと初めて出会ったのは 2003 年で，数年後にはドラフトゲノムが公開されるとは思いもよらず，当初は珍しい魚をオーストラリアで研究できるという，単なる興味本位であった．ゾウギンザメはふだん水深 100 〜 200 メートル程度の大陸棚に生息しているが，3 〜 5 月の繁殖期になるとオーストラリア南岸やニュージーランドの浅い湾内に回遊してきて産卵する（**図 2.5**）．産卵が終わると親魚は大陸棚に戻るが，胚は約半年間かけ

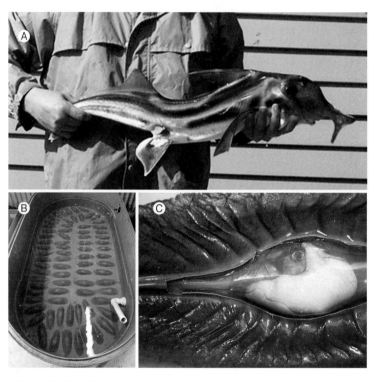

図 2.5　ゾウギンザメ
　A：ゾウギンザメの親魚（メス）．「吻（snout，または proboscis）」の部分には電気受容器であるロレンチニ瓶（ロレンチニ器官）が多数存在し，隠れている餌生物を探すセンサーの役割を果たすと考えられている．
　B：ゾウギンザメの卵を飼育している様子（卵殻の長径は約 20 cm）．
　C：発生中の胚の様子（受精から約 3 か月のもの）．葉のような形をした卵殻の中で発生が進む．孵化までには約半年かかる（口絵 V-2 章参照）．

て卵殻内で発生し，8〜11月に孵化する．現地では，スポーツフィッシングの対象として好まれ，釣り上げられたものはバーベキューやフィッシュ＆チップスに利用される．

　筆者らは，ビクトリア州の大学群で構成される海洋科学コンソーシアム（共同の臨海実験・実習施設）やタスマニア大学の海洋南極研究所において，飼育実験やサンプリングを行ってきた．親魚を飼育していると受精卵を毎週生んでくれるため，発生の研究にも用いるようになった（**図2.5**）．軟骨魚類ではまったく整備されていなかったゲノム情報を利用できるメリットは想像以上で，軟骨魚類の腎機能研究などに大きく寄与しただけでなく，国内外の研究者との共同研究にも発展している．また，ホルモン研究についても，バソトシンの新規受容体の発見[2-2]や軟骨魚類でのプロラクチンの発見[2-3]などをもたらし，多大な恩恵を受けている．貴重なゾウギンザメサンプルを多くの研究者に利用してもらい，軟骨魚類研究が発展することを願っている．

2章 参考書

会田勝美・金子豊二 編（2013）『増補改訂版 魚類生理学の基礎』恒星社厚生閣．

Hochachka, P. W., Somero, G. N. (2002) "Biochemical Adaptation" Oxford University Press, New York.

Reece, J.B. *et al.*（池内昌彦ら 監訳）（2013）『キャンベル生物学（原書第9版）』丸善出版．

Schmidt-Nielsen, K. (1997) "Animal Physiology" Cambridge University Press, New York.

Walsh, P. J., Wright, P. (1995) "Nitrogen Metabolism and Excretion", CRC Press, Boca Raton.

Wright, P., Anderson, P. (2001) "Nitrogen Excertion" Academic Press, San Diego.

2章 引用文献

2-1) Venkatesh, B. *et al.* (2014) Nature, **505**: 174-179.

2-2) Yamaguchi, Y. *et al.* (2012) Gen. Comp. Endocrinol., **178**: 519-528.

2-3) Yamaguchi, Y. *et al.* (2015) Gen. Comp. Endocrinol., **224**: 216-227.

3. 両生類

内山 実

　両生類は水から上陸した最初の脊椎動物群で，現生種は極地方と海洋島を除いた多様な地球環境に適応して分布している．両生類が体液恒常性を維持するために獲得した重要な機構は，①体表面からの水分の蒸発，②水とイオンの皮膚からの吸収，そして③腎臓・膀胱からの再吸収と排出である．また，皮下のリンパ循環系は，乾燥時や過剰な体液増加時に生じる血液量の変動を緩衝する．本章では，浸透圧調節器官の上皮細胞における多様な膜輸送体と内分泌系や神経系による調節を紹介して，体液恒常性を維持するしくみを解説する．陸上進出という生物の進化において新時代を開く画期的な出来事に思いを馳せ，そのしくみを学んでほしい．

3.1 魚類（水生）と四肢動物（陸生）をつなぐ動物群

　約4億年前に起こった地球環境の変化によって，陸地にはまず植物が上陸して生い茂り，次いで無脊椎動物，その後を脊椎動物が追いかけて上陸した．水中で一生を過ごす魚類から，地上を歩きまわる**四肢動物**（四足動物，四足類ともいう）への進化である．現在の両生類と約3億7千万年前の**原始的な両生類**とは，時代的にも形態的にも大きな隔たりがある．しかし，四肢動物の祖先は現在の両生類と同様の生活史を営んでいたと考えられる．彼らの産卵は水中で行われ，胚の発生が進み，孵化して鰓呼吸をする**水生の幼生**になる．その後，変態して**水陸両生の成体**へと成長した．

　魚類から四肢動物への移行期に起きた変化と順序や時期については，化石を調べることによって，あるいは現生種の形質を系統学的な観点から比較することによって推測することができる．このため両生類における水・電解質代謝研究は，現生種の生理機構を解明することに加えて，脊椎動物の進化を

3.1 魚類（水生）と四肢動物（陸生）をつなぐ動物群

表 3.1 両生類の生理的な特徴（爬虫類と硬骨魚条鰭類との比較）

	爬虫類	両生類	硬骨魚条鰭類
呼吸器	肺	鰓(幼生)と肺(成体)	鰓
腎臓	後腎	中腎	中腎
尿	等張性，低張性	低張性	低張性
膀胱	内胚葉性	内胚葉性	中胚葉性
窒素代謝産物	尿酸 尿素	アンモニア(幼生) 尿素(成体) 尿酸	アンモニア 尿素
飲水	経口	経皮	経口
皮膚	水透過性低い	水透過性高い	水透過性低い
塩類分泌器官	塩類腺，腎臓	腎臓	鰓，腎臓
下垂体神経葉(後葉)ホルモン	アルギニンバソトシン メソトシン	アルギニンバソトシン メソトシン	アルギニンバソトシン イソトシン
神経葉ホルモンに対する反応	抗利尿	抗利尿	抗利尿あるいは利尿
副腎皮質ホルモン	アルドステロン コルチコステロン	アルドステロン コルチコステロン	コルチコステロン コルチゾル

探る上からも注目されてきた．**表 3.1** に両生類の特徴を硬骨魚条鰭類や爬虫類と比較した．

3.1.1 最初の四肢動物はどこから，そしてなぜ上陸したのか

古生物学者たちは，古生代の両生類の化石の研究から，頭骨や四肢骨格の形態が水生の魚類型から陸生の四肢動物型へと変遷する様子を明らかにしてきた．しかし「どこから，なぜ上陸したのか」という問いに対して，納得できる答えはまだない．水・電解質代謝研究からは，最初の四肢動物の生息環境は淡水域ではなくて，潟湖などの**汽水域**であったという説が最も支持されている．汽水域は潮の干満の影響を受けて，淡水が流れ込んだり干潟になったりするために，動物が空気呼吸や浸透圧調節などの機能を獲得して，酸素や餌の豊富な新天地（陸）へと分布域を広げて行ったと考えられるからである．

3.1.2 肺魚類とシーラカンス

魚類が上陸する過程の特徴を今に残す種がいる．シーラカンス（*Latimeria* spp.）とハイギョ（肺魚）である．シーラカンスは古生代デボン紀から中生代に繁栄後，白亜紀末に絶滅した魚類の肉鰭類総鰭亜綱に属する唯一の現生種で，生きた化石としても有名である．浸透圧調節は，海に生息する軟骨魚類と同様に，**尿素**と**メチルアミン類**（TMAO ほか）を蓄積して体内浸透圧を海水と等張に維持している（2 章参照）．

ハイギョ類は四肢動物に最も近縁な魚類で，古生代デボン紀に出現して繁栄した肉鰭類に属する．初期のハイギョは海に生息していたと考えられているが，現存する3属6種のハイギョ類はすべて淡水生である．オーストラリア産ハイギョ（*Neoceratodus forsteri*）は鰓呼吸であるが，アフリカ産（*Protopterus* spp.）と南米産（*Lepidosiren paradoxa*）のハイギョは鰓と肺を使って呼吸し，乾季には池や沼の泥底にもぐって，粘液と泥をこねて作った繭の中で**夏眠**する．水中ではほぼ等量のアンモニアと尿素を排出するが，夏眠中は血漿と体組織の尿素濃度が増加する．

3.2 さまざまな環境に適応する両生類の体液調節

現在の両生類は**平滑両生亜綱**（Lissamphibia）と呼ばれ，**無尾類**，**有尾類**と**無足類**に分類されている．生息域は多様で，われわれになじみのあるヒキガエル（*Bufo* spp.）などは**陸生種**，トノサマガエル（*Pelophylax nigromaculatus*）などのアカガエル科（Ranidae）は**半水生種**，アマガエル科（Hylidae）は**樹上生種**，アフリカツメガエル（*Xenopus laevis*）などのピパ科（Pipidae）は**水生種**である．アカハライモリ（*Cynops pyrrhogaster*）などの有尾目（Urodela）は水生と陸生で，アシナシイモリ類（Caecilian）などの無足目（Apoda）は地中生や水生である．いずれのグループも特別な種を除いて，陸にも水中にも順応し，季節や環境条件などで水と陸への依存度が変化する．一方，砂漠や汽水に生息する種も知られている．

両生類は一般に肉食で，餌から十分な量の塩類を得ることができる．一

方，水分の補給については，生息環境によって大きな違いがある．陸上では体内から失われる水を保持するしくみ，水中では逆に体内へ流入してくる水と拡散によって失われる電解質（イオン類）の供給を行うしくみが重要である．現在の両生類を調べてみると，砂漠のヒキガエル（*Bufo* (*Anaxyrus*) *punctatus*）は背側の皮膚が厚くて水の透過性が低く，下腹部の皮膚は薄くて毛細血管が発達していて水を体内に取り込むのに適している．また，大形の膀胱に多量の水を溜めて，再吸収して利用する．一方，水生種は腹側皮膚の水チャネル（aquaporin：AQP）の発現が乏しくて水吸収効率が悪い上に，膀胱も小さい．このように両生類は，それぞれの環境条件に適した体液調節機構を発達させて進化し，多様に分化（**適応放散**）してきたのである．

3.2.1 両生類の体液量と体液成分

脊椎動物の**全体液量**は，動物群により多少の違いはあるが体重の約 70% であり，**細胞外液**（血漿とリンパ液）量は体重の 15〜25% である．一方，両生類の体液量は体重の 75〜80% を占め，細胞外液量は 22〜30% と他の脊椎動物より体水分量の割合が高い．また，両生類の細胞外液中の浸透圧は 195〜290 ミリオスモル（mOsm/kg H_2O）である．Na^+ （105〜120 mM），Cl^- （75〜90 mM）と K^+ （3〜4 mM）の各濃度は，他の脊椎動物のそれらに比べてやや低いという特徴がある．一方，地中生種や汽水生種は，血液中に尿素や NaCl を蓄積しており，浸透圧やイオン濃度が高い．

3.2.2 窒素代謝による老廃物

食物として取り込まれたタンパク質や核酸は，**窒素代謝**の過程を経て，老廃物として**アンモニア**，**尿素**あるいは**尿酸**として排出される．窒素代謝産物（窒素老廃物ともいう）の生成と排出は，動物の系統や生息環境に密接な関係がある．両生類は，幼生（オタマジャクシ）時にはおもに鰓から毒性が強く水に溶けやすいアンモニアを排出し，変態後の稚カエルと成体は総排泄腔（総排出腔ともいう）の開口部から毒性が弱く水に溶ける尿素を排出する．また，一部の樹上生種は固形の尿酸を排出して水の喪失を抑えている．

両生類において尿素は，老廃物の排泄としての役割以外に浸透圧調節にも貢献している．体内の尿素濃度の上昇は，肝臓における尿素回路酵素の活性化と，腎臓や膀胱で尿素を再吸収することによってもたらされる．尿素の再吸収は，腎臓の遠位尿細管上皮細胞の**尿素輸送体**（urea transporter：UT）を介して行われ，**下垂体神経葉ホルモン**（arginine vasotocin：AVT）によって活性化される．陸上や汽水域など脱水状態になりがちな環境下では，尿素が体細胞や細胞外液に蓄積して体水分の喪失を防いでいる．

3.3 浸透圧調節器官としての鰓，皮膚，腎臓，膀胱，消化管

 両生類では，幼生期には鰓と腎臓が，成体では皮膚，腎臓，膀胱，消化管が体液量と体液浸透圧の調節に重要な器官である（図3.1）．**浸透圧調節器官**（osmoregulatory organs）は浸透圧と体液量の両方の調節に関係するので，体液調節に関わる器官とも呼ばれる．

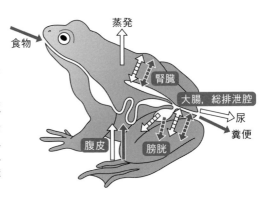

図3.1 浸透圧調節器官における水とイオンの取り込みと排出
皮膚，腎臓，膀胱，消化器系が水とイオンの取り込みと排出に重要であり，ホルモンと神経系による調節を受ける．濃いグレーの矢印はNa^+，白の矢印は水の動きを示す．実線は体外から体内あるいは体内から体外への輸送，破線は体内での輸送を示す．

3.3.1 鰓と皮膚

 両生類の皮膚と鰓は，成体と幼生時の呼吸器官であるとともに，体液調節に機能している．鰓には呼吸に関わる呼吸上皮細胞とは別に，**ミトコンドリアリッチ（MR）細胞**（魚類ではイオノサイト（ionocytes）という）が存在し，上皮性ナトリウムチャネル（epithelial sodium channel：ENaC）や各種ATP

3.3 浸透圧調節器官としての鰓，皮膚，腎臓，膀胱，消化管

アーゼ活性が認められる．有尾類では外鰓が，無尾類では孵化後に外鰓，幼生期には内鰓が機能し，変態時に消失する．

成体の皮膚は体液調節において重要であり，水と各イオンの輸送は **AVT** や**アンギオテンシン**（angiotensin：Ang）Ⅱなどの内分泌系と β 受容体を介した神経系による調節を受けている．カエルの皮膚のイオン輸送については，ウッシング（Ussing）装置（図3.2）やパッチクランプ法（図3.3）による

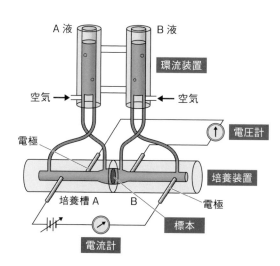

図3.2 Ussing装置の模式図
ハンス・ウッシング（Hans Ussing）らにより開発されたUssing装置は，上皮組織の水やイオンの膜輸送を調べる生理学・薬理学的研究に用いられてきた．培養装置の培養槽AとBの間に上皮組織の標本を装着して，イオンの移動によって標本の両側に生じる電位差を測定する．通常，環流液AおよびBとしては生理的塩類溶液を使用し，用途に応じてホルモンやイオン輸送阻害剤を添加してその効果を調べる．

図3.3 ホールセル（全細胞）パッチクランプ法の写真と模式図
培養槽内にセットされた細胞を生理的塩類溶液で灌流しながら，その細胞に顕微鏡下でガラス製ピペット電極を接着して，細胞膜における電流変化を記録する．培養槽内にホルモンなどを添加して，細胞膜上の単一あるいは複数のチャネルやトランスポーターの活動を直接的に調べる．(原図は山田敏樹修士論文より)

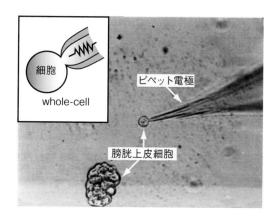

3章 両生類

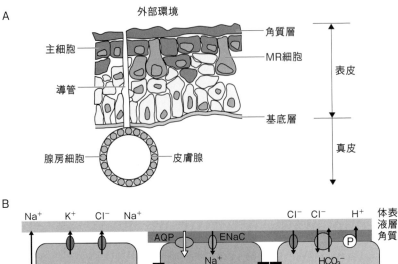

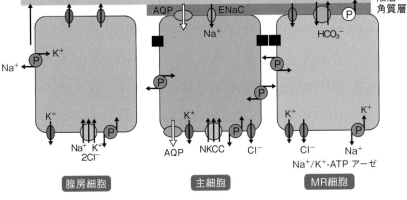

図3.4 カエルの皮膚における水とイオン類の出入りと上皮細胞の膜輸送体
（A）カエル皮膚の横断模式図．角質層の下に4〜5層の細胞層からなる表皮とその下に真皮がある．（B）皮膚腺の腺房細胞と主細胞とミトコンドリアリッチ（MR）細胞．陸上では，皮膚腺から水と各種イオンが分泌されて体表面に湿った層を形成する．水が蒸発するとNa^+は主細胞のENaC，Cl^-はMR細胞のCl^-チャネルによって吸収される．AQPを介した腹部皮膚による水吸収については，7章を参照．水中では，側底膜のNa^+/K^+-ATPアーゼの働きによるNa^+濃度の勾配にしたがってENaCを通過してNa^+が吸収され，Cl^-はCl^-チャネルとCl^-/HCO_3^-によって取り込まれる（引用文献3-1）．AQP：水チャネル，Cl^-：Cl^-チャネル，Cl^-/HCO_3^-：Cl^-/HCO_3^-交換輸送体，ENaC：上皮性ナトリウムチャネル，Na^+/K^+-ATPアーゼ：Naポンプ，NKCC：Na^+-K^+-$2Cl^-$共輸送体．

3.3 浸透圧調節器官としての鰓，皮膚，腎臓，膀胱，消化管

in vitro による電気生理学的な研究が行われ，1950 年頃から Na^+ や Cl^- の輸送機構が調べられてきた．また，1900 年以前から下腹部皮膚からの水輸送についても知られていた．近年，表皮を構成する細胞の細胞膜に存在する各種**膜輸送体**について，分子レベルの研究が進んでいる．

皮膚を透過して水が移動する方法には，蒸発，拡散，浸透がある．皮膚はイオンに対しても透過性をもつが，これらの輸送には種差が見られる．陸では蒸発による水の損失が体液変動に大きく影響し，水中では浸透圧勾配による水の浸入や拡散によるイオンの喪失がある．これらの機構に関しての最近の仮説を図 3.4 に示した．なお，体液調節に関わる器官としての皮膚の詳しい解説は 7 章を参照してほしい．

3.3.2 腎臓と膀胱と総排泄腔

両生類の排泄系は，腎臓，膀胱と総排泄腔からなる．尿は輸尿管によって総排泄腔に運ばれ，ここに開口する膀胱に一時たくわえられ，排尿時に逆流して総排泄孔（開口部）から排出される（図 3.5A）．腎臓は，幼生時には**前腎**，変態期から**中腎**が機能する．前腎による尿の生成は，体腔内の外糸球体で濾過された原尿が腎口から取り込まれて近位尿細管，遠位尿細管，集合管を経て前腎輸管に連なる前腎管系で行われる．前腎の細胞には各種膜輸送体が存在し，**イオン輸送**や **pH 調節**に機能している．前腎や中腎の構造は，6 章（図 6.1）に詳しい．

カエル成体の腎臓（図 3.5B）は，外部形態や**尿細管**の長さや管径，細胞サイズなどにおいて生息環境に関連した特徴がある．**中腎ネフロン**は**腎小体**，**頸節**，**近位尿細管**，**中間節**，**遠位尿細管**，**集合管**からなり，よく発達している（図 3.6）．尿量は糸球体濾過と尿細管による再吸収によって調節される．淡水中ではイオン濃度が低い大量の尿を排出する．一方，陸上では体内に水を保持するために，糸球体濾過量が減少し，尿細管では再吸収が増加して尿量が著しく減少する．

ネフロンの各分節を構成する尿細管は単層上皮からなり，**管腔膜**（細胞が管内液に接する細胞膜）と**側底膜**（側面や基底側の細胞膜）には各種

3章 両生類

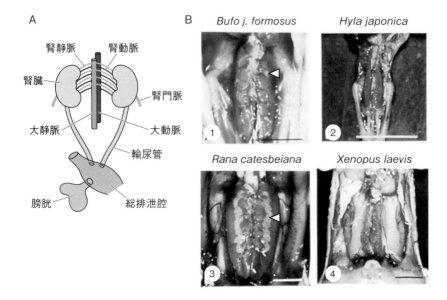

図 3.5　両生類排泄系の模式図と無尾類の腎臓
（A）排泄系は腎臓，輸尿管，膀胱，総排泄腔からなる．腎臓への血液の供給は腎動脈と腎門脈から行われる．腎臓からの血液は腎静脈から大静脈に入る．
（B）腎臓は脊椎骨の両側に一対存在する背腹に扁平な紡錘形をした褐色の器官である．腹側に黄色の副腎（矢尻）が埋め込まれるように付着する．*Bufo* ①や *Hyla* ②の腎臓は表面がデコボコし，実質部のネフロンは褶曲状に配置する．*Rana* ③の腎臓の腹面には，小葉状構造が見られる．*Xenopus* ④の腎臓は滑らかな表面構造を示す．

膜タンパク質が存在する．図 3.6 に尿細管各分節で機能している細胞膜タンパク質を示した．また，6 章も参照してほしい．近位尿細管細胞の管腔膜には Na^+/H^+ 交換輸送体（NHE）が，側底膜には Na^+/K^+-ATP アーゼ（NKA）が存在して NaCl の再吸収に働いている．**遠位尿細管前部**では Na^+-K^+-$2Cl^-$ 共輸送体（NKCC）により NaCl, 尿素輸送体（UT）により尿素が再吸収されるが，水の再吸収はきわめて少量である．**遠位尿細管後部**と**集合管**の上皮は，**主細胞**とミトコンドリアに富んだ**間在細胞**によって構成される．主細胞は側底膜に NKA，管腔膜に ENaC が存在しており，**アルドステロン**（aldosterone：ALDO）により Na^+ 再吸収が促進される．一方，間在細胞はプロトン ATP アーゼ（H^+-ATP アーゼ）や炭酸脱水酵素などの酵

3.3 浸透圧調節器官としての鰓，皮膚，腎臓，膀胱，消化管

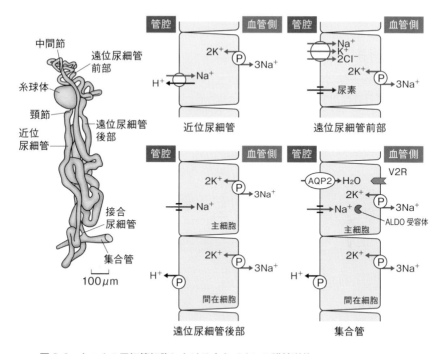

図 3.6　カエルの尿細管細胞における水とイオンの膜輸送体
遠位尿細管後部と集合管の上皮は主細胞（principal cell）とミトコンドリアに富んだ間在細胞（intercalated cell）によって構成されている．主細胞ではALDOによりNa⁺再吸収が促進される．AVTは集合管のV2受容体（V2R）に結合して水チャネル（AQP2）を介した水再吸収を促進させる．ALDO受容体：MR（MRとも呼ぶ），V2R：V2受容体．

素に富んでおり，酸・塩基平衡に関わっている．AVTは集合管にあるV2受容体（V2R）に結合してAQP2を活性化し，水の再吸収を行う．

　膀胱は尿をためる袋で，容量は生息環境と関連して水生種では体重比の5％，地中生種では50％を占める．内腔は移行上皮からなり，上皮細胞は**主細胞**（顆粒細胞）と **MR細胞**などから構成されている（図3.7）．内腔に接する各細胞間には閉鎖的な結合があって，内腔との物質輸送を妨げているが，細胞膜にある膜輸送体がイオン濃度やpHの調節に関わっている．主細胞には水やイオン輸送に働くAQPやENaCなどさまざまな膜輸送体が存在し，

図 3.7　膀胱細胞の膜輸送体とホルモン受容体の模式図

膀胱の上皮細胞は主細胞とMR細胞から構成され，腎臓の集合管細胞に類似した水やイオン輸送を行う．βADR：アドレナリンβ受容体，AQP：水チャネル，ENaC：上皮性ナトリウムチャネル，Cl^-：Clチャネル，H^+ⓟ：H^+-ATPアーゼ，ALDO受容体：MR，Na^+/K^+ⓟ：Na^+/K^+-ATPアーゼ，NKCC：Na^+-K^+-$2Cl^-$共輸送体，UT：尿素輸送体，V2R：V2受容体．

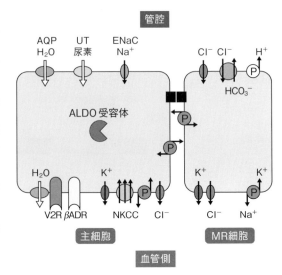

AVTやALDOによって機能が促進される．膀胱膜によるNa$^+$輸送は，上皮細胞の管腔膜側のENaCと側底膜のNKAを活性化することによる．また，主細胞にはUTもあり，尿素輸送に働いている．一方，MR細胞には炭酸脱水酵素とH$^+$-ATPアーゼが存在し，H$^+$を分泌して，体液pHの調節に関わっている．

総排泄腔や消化管の上皮にはENaCとNKCCなどの膜輸送体が存在しており，AVTとALDOは結腸や総排泄腔において，NaClの吸収を促進することで，最終的な調節を行う．

3.3.3　リンパ循環系

無尾両生類の皮下には，穴の開いた壁で仕切られた複数のリンパ嚢からなるリンパ腔が発達しており，**リンパ循環系**を形成している．下腹の皮膚からの水の吸収（**経皮吸水**）によって体内に取り込まれた水は，血管系とリンパ管系とに分布する．リンパ循環系は，水生種では浸透してくる過剰な水を排出するために，陸生種では乾燥時の水分補給のために働いて，血液量が大きく変動するのをやわらげている．リンパ心臓はリンパ液を静脈系に戻すこと

に機能しており，脊髄神経やAVT，AngⅡがリンパ心臓の調節に関わっている．

3.4 神経系による体液調節 ―末梢神経系と中枢神経系―

われわれは運動時や乾燥した環境下などで蒸散によって体液量が減少すると，血漿浸透圧が上昇し，**渇き**を感じて水を飲む．この一連の渇き感覚の受容と飲水行動の発現には，神経系が関わっている．神経系による体液調節には，体液の変動を受容する**末梢神経系**によるものと，水を取り入れる飲水行動を制御する**中枢神経系**による調節がある．両生類においても吸水を制限されると，体液量減少と血漿浸透圧が上昇して，その後の吸水が促進されることが知られている．

3.4.1 中枢神経系による調節

まずよく調べられている哺乳類について解説してから，両生類について触れることにする．哺乳類の**視床下部外側野**の一部には，**飲水中枢**と呼ばれる領域があり，この部分を破壊すると水を飲まなくなる．また，高張食塩水を注入すると飲水行動が起こる．この部位には浸透圧，AngⅡ，アルギニンバソプレシン（AVP）に感受性をもつ各ニューロンが見つかっている．

最近の研究によれば，血漿と脳脊髄液のNa$^+$濃度と浸透圧は脳内で監視されていて，体液の恒常性維持に働いている．第3・第4脳室の壁や隆起部を形成する**脳室周囲器官**（circumventricular organs：CVOs）と呼ばれる複数の部位は，直接あるいは間接的に体液調節と心臓循環系に影響を与える．CVOsのうち，**脳弓下器官**（subfornical organ：SFO），**終板脈管器官**（organum vasculosum of the lamina terminalis：OVLT），**最後野**（area postrema：AP）には浸透圧調節ホルモンの受容体があり，循環血や脳内のホルモン濃度，神経伝達物質の濃度変化に反応する．さらにSFOやOVLTには，Na$^+$や浸透圧を受容するイオンチャネルが存在する．体液調節は，これらのNa$^+$や浸透圧受容体が体液の変化を受容して飲水行動を起こすことに加え，ホルモン分泌が促進されて循環系や腎臓での水やイオンの再吸収に作用することに

よって行われる．

　一方，両生類の中枢神経系による体液調節機構は，断片的に知られているのみである（図3.8）．両生類の脳に渇きを感じる部位や脱水状態を監視する機構が存在するかについて調べてみると，哺乳類で飲水を誘起するCVOsに相当する脳部位が経皮吸水に関与している可能性が示された．カエルに数日間水を与えない脱水処理や，脳室内に高張溶液を注入すると多量の経皮吸水が起こり，CVOsの神経が活性化する．また，組織学的な研究から，視床下部領域やCVOsに神経分泌細胞と繊維の分布が報告されているが，その働きはわかっていない．また近年，脳内AVT受容体やAng II受容体の分布についての報告もあるが，それらの神経ネットワークや役割については不明である．

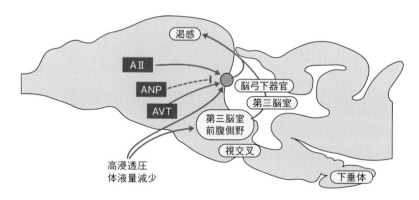

図3.8　カエルの吸水行動の調節に関わる脳の模式図
　脳弓下器官では，体液量減少や浸透圧上昇による末梢器官からの情報や脳内ホルモンによる中枢性情報によって「渇き」感覚が起こる．上位中枢ではこれらの情報を統合して経皮吸水行動が引き起こされる．経皮吸水行動の神経機構については不明な点が多いため，哺乳類の飲水行動の神経機構を参考に，仮説を含めて模式図を作成した．A II：アンギオテンシン II，ANP：心房性ナトリウム利尿ペプチド，AVT：バソトシン．

3.4.2　末梢神経系

　動物にとって，吸水源が飲み水として適しているかどうかを判断すること

は重要である．アマガエル属（*Hyla*）やヒキガエル属（*Bufo*）の下腹部皮膚には，Na^+感受性細胞や浸透圧変化を受容する感覚細胞が分布しており，ここで得た情報を脊髄神経に伝達して吸水行動に役立てている可能性がある．また，循環血液量の変化は頸動脈や大動脈にある容量受容体で受容される．

3.5 ホルモンによる体液調節

ここまで，AVT，Ang II，ALDOなどいくつかのホルモンが体液調節に関わっていることを述べてきた．つぎに両生類の体液調節に関わるホルモンをまとめて**表 3.2** に示し，詳しく解説する[3-2]．

表 3.2 両生類の水電解質代謝における主要なホルモンの生理的役割

ホルモン名	ホルモン受容体	細胞内情報伝達系	標的器官と生理作用
AVT	V1R	IP_3-Ca^{2+}	血管収縮，糸球体濾過量減少
	V2R	cAMP	腎臓，膀胱において水再吸収
ハイドリン 1, 2			皮膚において水吸収
アンギオテンシン II	AT1R	IP_3-Ca^{2+}，cGMPほか	経皮吸水の増加，血管収縮アルドステロン分泌促進
	AT2R	一酸化窒素 -cGMP	血管拡張
ナトリウム利尿ペプチド（ANP，BNP，CNP）	NPRs（NPR-A，NPR-B，NPR-C）	cGMP	ANPの作用 水と塩類の分泌 血管拡張，糸球体濾過量増加 アルドステロン分泌抑制
アルドステロン	ALDO受容体（MR）	アルドステロン誘導タンパク質など遺伝子転写	皮膚，腎臓，腸，膀胱におけるNa^+再吸収によるNa^+保持
コルチコステロン（CORT）	CORT受容体（GR）		
プロラクチン	PRLR（サイトカイン 1型受容体）	JAK-STATシグナル経路など	塩と水の保持 皮膚における水の透過性低下 Na^+吸収の促進

3.5.1 下垂体神経葉ホルモン

下垂体神経葉（後葉とも言う）から分泌されるホルモンとして，AVT，2種類の**ハイドリン 1，2** と**メソトシン**が知られている．AVT は**視床下部視索**

前核で産生され，軸索輸送によって神経葉に運ばれ，神経終末に貯蔵される．体液浸透圧が上昇することによって産生と分泌が促され，血中 AVT 濃度が上昇する．AVT は皮膚，膀胱，腎臓の遠位尿細管にある **V2 受容体**（V2R）に結合して，**抗利尿**と **Na$^+$再吸収**を促進させ，尿の生成を減少する．また，AVT は血管平滑筋の **V1a 受容体**（V1aR）や中枢神経系の **V1b 受容体**（V1bR）にも結合して作用する．なお，ネッタイツメガエル（*Xenopus tropicalis*）のゲノムにおいて 2 種類の V2R（V2aR と V2bR）の存在も見いだされている．ハイドリン 1 と 2 は無尾類に特有の AVT ホモログであり，AVT と同様に水の保持に働く．一方，哺乳類のオキシトシンのホモログであるメソトシンは利尿作用に働くことが報告されている．

AVT 受容体は 7 回膜貫通型の G タンパク共役型受容体で，V1R は Gq，V2R は Gs の G タンパク質と共役して，前者は Ca^{2+}，後者はサイクリック AMP（cAMP）がセカンドメッセンジャーとして機能する．

3.5.2　レニン・アンギオテンシン・アルドステロン系

アンギオテンシン（Ang）は**レニン・アンギオテンシン・アルドステロン系**（renin-angiotensin-aldosterone system：RAAS）で産生されるペプチドホルモンである．レニンは腎臓の傍糸球体細胞から分泌されるタンパク分解酵素で，循環血中でアンギオテンシノーゲンに作用して Ang I，さらにアンギオテンシン変換酵素の作用により **Ang II** が生成される．Ang II は副腎皮質を刺激して **ALDO** の合成を促進する．この一連のホルモン合成系を RAAS と呼ぶ．無尾類では，体液浸透圧の上昇や体液量の減少によって RAAS が活性化し，血中 Ang II と血中 ALDO 濃度が上昇することが知られている．Ang II は**アンギオテンシン受容体**（AT1R）に結合して，平滑筋収縮ならびに Na$^+$輸送を促進する．一方，ALDO は皮膚，膀胱膜などの上皮に作用して，側底膜の NKA の活性化と管腔膜での ENaC の発現を増加させ，Na$^+$吸収を促進する．RAAS とは別に副腎皮質から分泌される**コルチコステロン**（corticosterone：CORT）も ALDO と同様に Na$^+$吸収を促進する．

3.5.3 プロラクチン

プロラクチン（prolactin：PRL）は**下垂体前葉**から分泌され，繁殖期の有尾類において水中への移動（**water drive**）を誘導して尾や皮膚などを水生型の形態・性質に変化させて維持することが報告されている．無尾類では水生生活をする幼生期間を延長して，皮膚における Na^+ 輸送を促進し，水の透過性を抑制する．

3.5.4 ナトリウム利尿ペプチド

ナトリウム利尿ペプチド（natriuretic peptide：NP）は，哺乳類では**水と Na^+ の排出**を引き起こすペプチドホルモンである．心房性ナトリウム利尿ペプチド（ANP），脳性ナトリウム利尿ペプチド（BNP），C 型ナトリウム利尿ペプチド（CNP），心室性ナトリウム利尿ペプチド（VNP）をまとめてナトリウム利尿ペプチドファミリーと呼んでいる．ANP は，循環血液量が増加して心房筋が伸展すると分泌される．NP 受容体には NPR-A，NPR-B と NPR-C の 3 種類があり，1 回膜貫通型の受容体で，NPR-A にはおもに ANP，BNP，VNP が，NPR-B には CNP が結合する．細胞内にグアニル酸シクラーゼドメインをもち，グアノシン三リン酸（GTP）からセカンドメッセンジャーのサイクリック GMP（cGMP）を産生する．NPR-C はすべての NP と結合して，分解に関わるクリアランス受容体である．

両生類では，ウシガエルの心臓から ANP と BNP が，脳から CNP が単離されている．哺乳類における ANP の作用は，血管平滑筋を弛緩させて血圧を低下させる．また，腎臓では，Ang II の作用に拮抗して Na^+ の再吸収の抑制により利尿作用を惹起する．一方，両生類の膀胱では，逆に ANP が Na^+ 再吸収に機能する．両生類では体液量が増えすぎた際に起こる多尿によって，過剰に Na^+ が失われることを ANP が抑制している可能性がある．

3.5.5 環境順応における各ホルモンの血中濃度の変化

無尾類は，乾燥や脱血など実験的な絶水処理によって体液量が減少すると，AVT，Ang II，ALDO の産生が増加して，これらの血中ホルモン濃度が上昇

する.また,血漿浸透圧の増加によっても,血漿 AVT と Ang II 濃度が上昇する(**図 3.9**).その後の経皮吸水においては,短期的な調節には交感神経系の働きが重要であり,数時間単位の反応には各ホルモンが働くことがわかってきた.体液量の調節には RAAS が重要であり,血中浸透圧濃度の調節

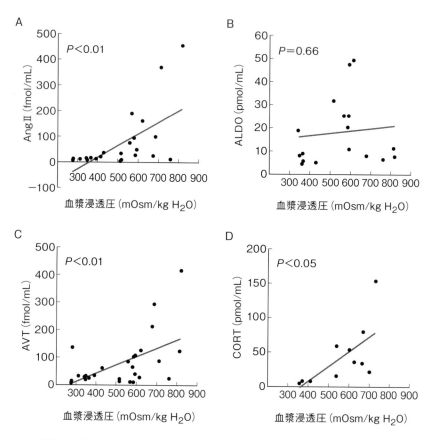

図 3.9　カニクイガエルの血漿浸透圧と各ホルモンの血漿濃度との相関関係
乾燥,海水または淡水への浸漬,ならびに無処理による血漿浸透圧と各ホルモンの血漿濃度の相関を示す.血漿浸透圧が高いと Ang II,AVT とコルチコステロン濃度が上昇して,有意な正の相関を示した.$P < 0.01$,$P < 0.05$ は有意な相関あり.(A) アンギオテンシン II(Ang II),(B) アルドステロン(ALDO),(C) バソトシン(AVT),(D) コルチコステロン(CORT).縦軸は血漿ホルモン濃度,横軸は血漿浸透圧を表す.(引用文献 3-3 より)

にはAVTが主役となるが，互いに相関しあって協働している(図3.10). 一方, 血中のナトリウム利尿ペプチド類が絶水や過剰な水の取り込み時にどのような変化を示すのかについての報告はなく，解明が待たれる.

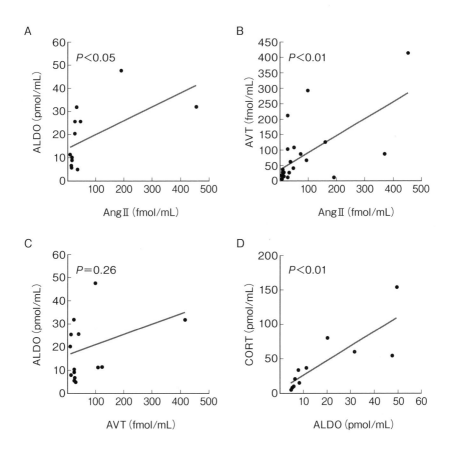

図3.10　カニクイガエル血漿中のホルモン濃度と各ホルモンの相関関係
　アンギオテンシンⅡ（Ang Ⅱ）は（A）アルドステロン（ALDO），（B）バソトシン（AVT）それぞれと正の相関がある．ALDO は（D）コルチコステロン（CORT）と有意な相関があり，それぞれが協働して機能する．一方，（C）AVT と ALDO との間には相関がない． $P < 0.01, P < 0.05$ は有意な相関あり．Ang Ⅱ：アンギオテンシンⅡ，ALDO：アルドステロン，AVT：バソトシン，CORT：コルチコステロン．（引用文献3-3 より）

3.6 おわりに

本章では，さまざまな環境に適応して進化してきた両生類の体液恒常性維持のしくみを解説した．一般的な両生類は，幼生は水生，成体は水陸両生であるため，体液恒常性に関わる生理機構も変態最盛期を境に大きく変化する．しかし，無尾類幼生の体液恒常性についての研究はきわめて少なく，今後の課題である．同様に有尾類や無足類についてもさらなる研究が求められている．その一方で，気候変動や人間活動にともなう自然環境の変化や破壊によって，多くの両生類種が世界規模で絶滅の危機にある．われわれは生物多様性の重要性を理解して，両生類が生息できる自然環境を保護していくことを忘れてはならない．

コラム 3.1
両生類の水・電解質代謝研究の歴史（ロバート・タウンソンから 225 年の研究史）

両生類の水・電解質代謝の研究は，1790 年代にタウンソン（Robert Townson）が「カエルは水を口から飲むのではなく，下腹の皮膚から吸収する（経皮吸水）」，「カエルは水を体表から失いやすく，膀胱から水分を再吸収する」と報告したことに始まる．しかし，その後もこの研究は注目されることはなく，アドルフ（Edward F. Adolph）らが生息環境の違いが経皮吸水に影響することや，吸水が盛んな皮膚には豊富な血管分布があることを示したのは，1900 年代になってからであった．

ヘラー（Hans Heller）らは，1940 ～ 1950 年代に両生類の下垂体神経葉抽出物をカエルに注射して水に入れておくと，体重が増加することを報告した．1960 ～ 1980 年代には，さまざまなホルモンによる水・電解質代謝研究が行われ，生体膜において，水とイオンはそれぞれに特異的な**細胞膜タンパク質**（チャネルと輸送体）を通過することが，ウッシング装置（**図 3.2**）などによる電気生理学的手法とイオン輸送の特異的な阻害薬などを用いた研

究によって明らかにされた．1990年代初めにネーアー（Erwin Neher）とザクマン（Bert Sakmann）が開発したパッチクランプ法（**図3.3**）は，1個の細胞や単一イオンチャネルにおけるイオンの動きを電気的に記録することによって，ホルモンや神経の作用がより詳細なレベルで明らかにできるようになった．

　分子生物学の時代（2000～2010年代）には，ヒキガエル膀胱膜からAQPsが同定され，世界において，日本の研究者（静岡大の田中・鈴木ら）が精力的に各種両生類のAQPファミリーを同定した．また筆者らは，両生類のENaCや尿素輸送体を同定した．2010年以降，神経細胞や上皮細胞に加えて遺伝子改変細胞から選択的なイオン動態を記録する研究や，吸水行動や浸透圧受容における神経性，内分泌性の統合的な機構の研究が進んでいる．

コラム 3.2
チャールズ・ダーウィン航海記と汽水生の両生類

　ダーウィン（Charles Darwin）は「ビーグル号航海記」のなかで，「両生類はどこの海洋島にも生息していない．これは，海水中では脱水されてしまうことや精子が海水中では生きられないためだろう」と推測した．この発見は，島ごとに異なる嘴（くちばし）をもつダーウィンフィンチの発見と同様に，生物の創造論を否定し，進化論を着想することに一役買ったと言われている．一方，パタゴニアで汽水に飛び込むカエル（*Pleurodema bufonium*）を発見して驚いたことを記載している．

　現在では，カニクイガエル（*Fejervarya cancrivora*）に代表されるように，河口などの塩分を含む汽水域に適応している両生類も知られている．汽水環境に耐性をもつ種は，尿素を合成して，それを体内に貯留することによって体液を環境より高張にすることで脱水を免れている．汽水環境下では，AVTやRAASが相互に関係して体液調節に働いていることがわかってきている[3-3]．

3章 両生類

3章 参考書

Bentley, P. J. (2002) "Endocrines and Osmoregulation" Springer, Berlin.

Hillyard, S. D. *et al.* (2008) "Osmotic and Ionic Regulation" Evans, D. H., ed., CRC Press, Boca Raton, p. 367-442.

Uchiyama, M. (2015) "Sodium and Water Homeostasis" Hyndman, K. A., Pannabecker, T. L. eds., Springer, Berlin, p. 73-90.

3章 引用文献

3-1) Larsen, E. H. *et al.* (2014) Comp. Physiol., **4**, 405-573.

3-2) Uchiyama, M., Konno, N. (2006) Gen. Comp. Endocrinol., **147**: 54-61.

3-3) Uchiyama, M. *et al.* (2014) Gen. Comp. Endocrinol., **195**: 40-46.

4. 陸生生物

今野紀文

　現在，陸上には，ヒトを含め多種多様な脊椎動物が繁栄している．その至極当然とも言える事実の裏に，祖先たちの生存をかけた闘いの歴史があったことを知っているだろうか？　それは両生類の陸上進出に始まる3億7千万年にも及ぶ「乾燥との闘い」の歴史である．本章では，両生類出現以降，広く陸上への適応を果たした爬虫類の工夫に始まり，鳥類，そして哺乳類が，どのように，この過酷な陸上環境を克服し，適応してきたのかについて，とくに進化学的な事象との関係も踏まえながら解説する．

4.1　新天地をもとめた開拓者たちの試練

　およそ40億年前に生命が地球に誕生して以来，生命の進化は常に水中で繰り広げられてきた．そして，約3億7千万年前のデボン紀に現れた両生類の出現によって，われわれの遠い祖先は初めて陸地という新天地へとその生活の場を拡げたのである（3章参照）．開拓者たる両生類は，次に爬虫類が登場する2億9千万年前までのおよそ8千万年という長い間，水辺の王者として君臨したであろう．しかし，両生類は陸上に進出したものの，完全に水辺から離れて生活するには至らなかった．両生類はギリシャ語でAmphi-（両方の）bia（bios：生活，生きる）を意味するが，これは水中と陸上で生活する動物を表している．なぜ，両生類は完全に水から離れることができなかったのだろうか？　太古の両生類が，どのような姿で水辺を跋扈していたのかは化石の記録からしか計り知れないが，陸上に完全に適応できなかった理由は現生の両生類と爬虫類を比較することでおおよその推測が可能である．

　その最たる理由の1つは，「卵」の構造に見ることができる．詳しくは次節で述べるが，両生類の卵は，魚の卵と同様に，むき出しの状態で産み出され，

4章 陸生生物

ニワトリの卵のような丈夫な殻はなく，卵嚢と呼ばれるゼリー質や泡状物質で被われている．卵嚢は，卵を乾燥や外敵から守る役割をもっており，モリアオガエル（*Rhacophorus arboreus*）などの樹上生のカエルは卵嚢で保護された卵を樹上や田畑の畦道に産卵することが可能である．しかし，大多数の両生類の産卵場所は水中であり，陸上に産卵する場合でも湿った場所に限られている．また，自由生活をする胚や幼生は，鰓や皮膚といった呼吸器によって酸素を得ているため，水は両生類の発生と成長には欠かせない．それに対して，完全に陸上環境に適応した爬虫類や鳥類の胚は，硬い殻に包まれた中で発生し，その間，両生類とは異なり水環境を必要としない．正確には，水を必要としないのではなく，原始爬虫類は発生に必要な水環境を卵の中につくり出した．それを可能にしたのが**羊膜**（amnion）である．

4.2 羊膜の獲得と水域との決別

爬虫類，鳥類，哺乳類は，羊膜をもつ動物，すなわち**有羊膜類**（amniota）と呼ばれている．有羊膜類の発生卵には，羊膜，漿膜，尿膜と呼ばれる3つの胚膜が備わっている（**図 4.1**）．

羊膜は，胚（胎児）を直接覆っている膜で，その中は羊水で満たされている．羊膜によって保持された羊水こそが，胚にとってはまさに「生命の水」である．羊水は物理的な衝撃から胚を守ってくれるだけでなく，外界の温度変化を緩衝し，胚の発生に必要な水や栄養素・ミネラルの供給源となっている．不思議なことに，羊水の成分は現在の海水の成分に非常によく似ている（**表 4.1**）．40億年前，生命は海で誕生したが，胚もまた，誕生するまでの間を羊水という「海」の中で過ごしているのである．胚の発生にともなって生じる老廃物は，尿膜でできた尿嚢という袋に貯留され，漿膜は尿膜と合わさって卵殻の直下に広がり，血管網の発達にともなって胚の呼吸器官として働いている（漿尿膜）．そして，爬虫類や鳥類では，これらの構造全体が炭酸カルシウムを主成分とする多孔性の強固な卵殻に包まれることで，外界から隔離された状態をつくり出している．

このように，原始爬虫類は有羊膜卵を手にしたことで，魚類や両生類が成

4.3 爬虫類の浸透圧調節のしくみ

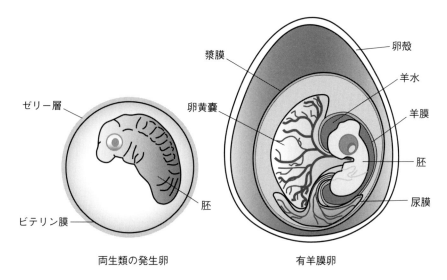

図 4.1 両生類と有羊膜類の卵構造

表 4.1 人体・羊水・海水の成分組成の比較

存在量順位	1	2	3	4	5	6	7	8
人体	H	O	C	N	Na	Ca	P	S
羊水	H	O	Na	Cl	C	K	Ca	Mg
海水	H	O	Na	Cl	Mg	S	K	Ca

H：水素，O：酸素，C：炭素，Na：ナトリウム，N：窒素，Cl：塩素，Mg：マグネシウム，Ca：カルシウム，K：カリウム，S：硫黄，P：リン

し得なかった陸上での繁殖と生存を可能にしたのである．

4.3 爬虫類の浸透圧調節のしくみ

　脊椎動物の体の大部分は水でできている．体内の水は，呼気および皮膚からの蒸散，排泄物とともに失われるが，完全な陸生動物となった爬虫類は，少しでも多くの水を保持できるように，ケラチンを主体とした鱗（角鱗）で体表を覆い，皮膚からの蒸散を抑制している．しかし，そのために両生類の

4章 陸生生物

ようには皮膚呼吸ができなくなった．水分の喪失を防ぐために爬虫類がとったもう1つの方法は，尿酸の生成である．食物として摂取されたタンパク質やアミノ酸は，体内で代謝されて有毒なアンモニアになる．アンモニアは水に非常によく溶けるため，アンモニアを排出する際には大量の排尿によって水を失う．しかし，それは水を保持したい陸上動物には致命的な問題である．そこで両生類は，肝臓の尿素回路でアンモニアよりずっと毒性の少ない尿素に変換して尿に濃縮して排出している．一方で，爬虫類は，毒性がなく，排出に水を必要としない固形の尿酸として排出するしくみを獲得したことによって，乾燥環境に適応したのである（図4.2）[4-1]．しかし，すべての爬虫類が尿酸を最終窒素代謝産物（窒素老廃物ともいう）としたわけではない．淡水生のカメは，その多くを両生類と同様に尿素で排出していることから，窒素代謝産物の排出様式と生息環境は密接に関係しているようである．尿酸の生成は，水の保持以外にも爬虫類の陸上適応を後押ししたと考えられてい

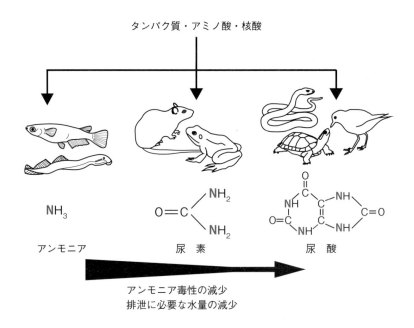

図4.2 脊椎動物の窒素代謝産物

る．陸上に降り注ぐ紫外線は生物にとってDNA損傷を引き起こす有害因子であるが，オゾン層の形成とともにその危険は少なくなった．とはいえ，紫外線は体内でDNAを傷つける活性酸素を増加させる作用をもつ．尿酸はこの活性酸素を除去する抗酸化物質の1つである．

　外温動物である爬虫類の多くは呼気からの水分喪失に悩まされる．外気温の上昇は直接，体温の上昇に影響するため，爬虫類は呼気による不感蒸泄を増加させることで，体内の熱を気化熱として放散し，体温上昇を抑制している．したがって，呼気の増加は脱水を引き起こすのである．そこで，砂漠などに住む爬虫類は，日中は日陰や岩の隙間に身を寄せて過ごし，湿度の高い夜間に活動することで，体温上昇とそれにともなう脱水の危険に対処している．

　爬虫類の腎臓は，他の陸生動物と同様に，浸透圧調節において中心的な役割を担っていると考えられるが，その水・電解質代謝機構に関する研究はきわめて乏しい．爬虫類は，両生類がもつ中腎よりも発達した後腎を有しているが，ヘンレ係蹄を欠いているために対向流系が発達しておらず（6章 図6.2，図6.3 参照），鳥類や哺乳類のような高張尿を産生することができない．爬虫類へのアルギニンバソトシン（AVT）の投与は，哺乳類や両生類への作用と同様に，腎臓で抗利尿反応を引き起こすことが示されている．爬虫類の腎臓構造と機能については6章を参照されたい．

　母ウミガメが浜辺で涙を流して産卵している映像を目にしたことはないだろうか．それは人間の出産とも重ね合わせてまさに感動的なシーンでもあるが，ウミガメは決して涙を流しているわけではない．ウミガメやウミイグアナ（*Amblyrhynchus cristatus*），ウミヘビ（Hydrophiidae ウミヘビ科）といった海生爬虫類は，**塩類腺**[4,2)]と呼ばれる外分泌腺をもち，体外に過剰となる塩分を濃縮して排出している（**図4.3**）．ウミガメでは涙腺が変形した塩類腺が眼に開口しており，ウミイグアナやウミヘビでは鼻腔や口腔に開口しているため，一見，涙や鼻水のように見えるのである．塩類腺と同様の機能をもつ組織は，海という高浸透圧な環境に生息する多くの動物に備わっており，体液浸透圧の維持に重要な役割を果たしている．たとえば，海鳥は爬虫類と

図 4.3　海生の爬虫類と鳥類の塩類腺

同様の塩類腺を有し[4-3]，海生軟骨魚類は直腸腺という塩分排泄器官を，海生硬骨魚類は鰓に塩類細胞を有している．塩類細胞の詳細については 5 章を参照していただきたい．

4.4　鳥類の浸透圧調節のしくみ

化石記録から，鳥類は 2 億年前から 1 億 5 千万年前の中生代ジュラ紀に，爬虫類の獣脚類恐竜から進化したと考えられており，浸透圧調節でも，爬虫類の特徴を多く引き継いでいる．鳥類は，爬虫類と同様に卵生であることに加えて，窒素の代謝産物には水に不溶な尿酸を生成することから，体液浸透圧に影響を与えずに尿による水の排出量を減らして乾燥への耐性を高めている．また，カモメ（*Larus canus*），ペリカン（Pelecanidae ペリカン科）などの海生の鳥類の鼻腔には発達した塩類腺が備わっており，高濃度の塩水を排泄して，浸透圧調節に寄与している[4-3]．一方で，鳥類は 40 ～ 42℃の体温をもつ内温動物であり，飛翔という特異的な行動様式に付随する高い代謝率が呼吸によるガス交換頻度を高めているため，不感蒸泄による水分の喪失もかなり多い．また，周期的な産卵や育雛の際の素嚢乳にも多くの水分が使われている．しかし，爬虫類とは異なり，鳥類の腎臓には尿濃縮ができない爬虫類型のネフロンの他に，ヘンレ係蹄をもった哺乳類型のネフロンが 15 ～ 25%備わっているため，哺乳類ほどではないが高張尿を産生して水を再吸収，保持することができる．また，鳥類は飛翔の妨げになる膀胱を失っているが，尿中の水や電解質の多くを直腸や総排泄腔から再吸収できるため，排泄され

る尿は尿酸とも混じりあって固形に近い状態で排出される．

　鳥類の浸透圧調節に関わるホルモンには，下垂体後葉（神経葉）ホルモンのAVT，副腎皮質ホルモンのコルチコステロン（CORT）とアルドステロン（ALDO），レニン・アンギオテンシン・アルドステロン系（RAAS）が挙げられる．爬虫類と同様に，AVTは鳥類においても腎臓で抗利尿作用を示す．CORTとALDOの血中への放出は脱水によって促進され，体内のNa^+とK^+の調節に関与するようである．また，RAASはコルチコステロイド合成や血圧，飲水の調節に関与することが示唆されている．この他，ナトリウム利尿ペプチド（NP）やプロラクチン（PRL）が鳥類にも存在していることがわかっているが，それらの鳥類での役割については明確になっていない．

　鳥類のなかには何百キロにも及ぶ渡りを行う種もいる．長距離の渡りにとって，脱水は大きな限定要因となるが，渡り鳥は必ずしも深刻な脱水状態になっているわけではない．彼らは渡りの前に十分な体脂肪を蓄えており，それは渡りのためのエネルギー源としてだけでなく，脂肪の代謝によって生じる**代謝水**の供給源となっている．また，先述のホルモンも渡りにおける浸透圧調節に関わっているようである．水の保持に働くAVTの血中レベルがハト（*Columba livia*）の長時間の飛行にともなって増加すること，渡り途上のシギ（*Calidris pusilla*）やニワムシクイ（*Sylvia borin*）におけるCORTと成長ホルモン（GH）の血中レベルが上昇していることが観察されている．GHの増加は長距離飛行における脂肪分解（エネルギーと代謝水の供給）と関連すると考えられている．

4.5　哺乳類の出現

　最初の哺乳類は，中生代三畳紀後期の2億2千万年前頃に現れたと考えられている．現生の哺乳類を含む系統は，両生類から派生した哺乳類型爬虫類の**単弓類**の子孫にあたるという説が有力である（**図4.4**）[4-4, 4-5]．それに対して，現生の爬虫類と鳥類は，同じく両生類から派生した**双弓類**の子孫にあたる．単弓類の多くの系統は中生代末（6,500万年前）までに絶滅しており，哺乳類が唯一の生き残りである．単弓類の進化の過程では，体温調節，汗腺，体

4章　陸生生物

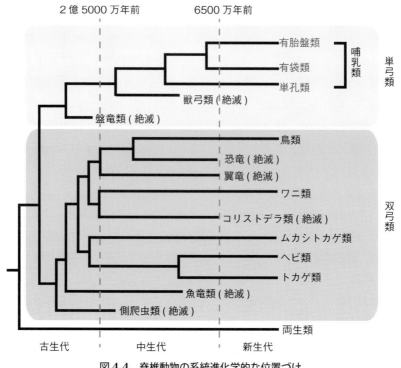

図 4.4　脊椎動物の系統進化学的な位置づけ
（引用文献 4-4，4-5 を参考に作図）

毛，哺乳機能，腹式呼吸など多くの現生哺乳類の形質を備えた哺乳類型爬虫類が出現しており，それらの形質の継承が哺乳類の誕生へとつながったことは間違いないだろう．初期の哺乳類は，中生代ジュラ紀から白亜紀を通じて地味な小動物として生き続け，その時代の覇者であった無数の巨大な恐竜たちに覆い隠された存在であった．しかし，その時期に得たさまざまな形質こそが，後の新生代でみられる哺乳類の多様化と大繁栄のもとになった．現在，哺乳類の分布域は，砂漠や極地，高山といった地球上のあらゆる陸地だけでなく，海や河川，湖沼といった水圏や空にまで及んでいる．その多様な環境適応を支えたしくみとして，高度に発達した浸透圧調節機構の存在が挙げられるだろう．

4.5.1 単孔類の浸透圧調節のしくみ

現生の哺乳類（哺乳綱）における浸透圧調節機構の発達過程は，動物分類学上の3つの分類群，すなわち単孔類（カモノハシ目），有袋類（有袋上目），有胎盤類（有胎盤下綱）を比較することで知ることができる．オーストラリアとニューギニア島に生息する**単孔類**は，最も原始的な特徴を備えた哺乳類である．現生する単孔類には，カモノハシ（*Ornithorhynchus anatinus*）とハリモグラ（*Tachyglossus aculeatus*）がおり，骨格構造にはさまざまな爬虫類型の特徴が認められる．他の哺乳類と最も異なる点は，カモノハシとハリモグラの繁殖様式が爬虫類や鳥類と同様に卵生であることである．一方で，孵化した幼体は母体の腹面にある汗腺が変形した外分泌腺（哺乳類の乳房と相同な器官）からしみ出る母乳で育てられるため，単孔類は哺乳類型爬虫類から哺乳類への進化の中間段階にあると言えるだろう．

単孔類の浸透圧調節についてはほとんど研究が行われていないが，通常，湿度の高い地中で生活しているため，不感蒸泄による水分喪失は少ない．必要な水分の多くはアリやシロアリなどの食物から得ている．しかし，乾燥環境に曝された場合には，尿量は減少し，その濃度も 2,300 ミリオスモル（mOsm/kg H_2O）（ヒトでは 1,400 mOsm/kg H_2O）に達することから，アルギニンバソプレシン（AVP）による腎臓での水再吸収が盛んに行われていると考えられる．副腎から分泌され，一般に塩類の調節に働く副腎皮質ホルモン（CORT と ALDO）は，低濃度であるがカモノハシとハリモグラの両種に存在している．しかしながら，副腎除去を施したハリモグラは，電解質代謝の異常も認められずに5か月以上も生存することから，有胎盤類が示す塩類調節作用とは異なる作用を有していると考えられる．ハリモグラは低温環境下に曝されると死に至るが，貯えられた脂肪からの脂肪酸動員（エネルギー産生）を促進するグルココルチコイドやその分泌を促進させる副腎皮質刺激ホルモン（ACTH）を投与すると生存できる．したがって，単孔類での副腎皮質ホルモンの主たる役割は，貯蔵脂肪の代謝で生じる熱産生によって体温を保持することにあるのかもしれない．

4.5.2 有袋類の浸透圧調節のしくみ

有袋類とは，幼仔が母親の特殊な育児嚢の中で育てられる哺乳類である．有袋類と有胎盤類は1億4千万年前から1億2千万年前頃に分岐したとされており，アメリカ大陸にオポッサム（Didelphidae オポッサム科）（フクロネズミ）が，オーストラリア大陸にコアラ（*Phascolarctos cinereus*）やカンガルー（Macropodidae カンガルー科），フクロネコ（Dasyuridae フクロネコ科）など，約270種が知られている．有袋類は胎盤がないため，短い妊娠期間のあと胎児の状態で産み出され，幼仔はすぐに母体の育児嚢に入り込み，袋のなかにある乳首に付着して発育する．

有袋類と有胎盤類は生殖方法で大きく異なるが，進化史の初期段階では両者の環境への適応能は互いに効率の良いものであったと考えられている．カンガルーは同体重の有胎盤類に比べて水分消費量が3分の2ほどである．有袋類の体温や酸素消費量が有胎盤類より低いことが，カロリー消費を抑制し，不感蒸泄による水分喪失も軽減して，砂漠などの乾燥環境への適応を高めていると考えられる．有袋類の腎臓は，有胎盤類と同様にヘンレ係蹄を有し，高張尿を産生できる．その水・電解質調節機能もまたAVPと副腎皮質ホルモン（コルチゾルとALDO）によって調節されている．ほとんどの有胎盤類は後葉ホルモンに8-AVP（8-アルギニンバソプレシン）を有しているが，有袋類のなかには上記の他，第8位のアミノ酸がリジンの8-リジンバソプレシンや第2位のアミノ酸がフェニルアラニンの2-フェニルアラニンバソプレシン（フェニプレシン）といった抗利尿作用を示す複数種のバソプレシンを有するものがいる（**図4.5**）[4-6]．気温40℃にもなる砂漠に生息する数種のワラビーは尿を3,600 mOsm/kg H_2O にまで濃縮することができ，血中の8-AVPと8-リジンバソプレシンの濃度もまた著しく増加している．このように，有袋類が複数種類の抗利尿ホルモンをもっていることが，生息環境での生存に有利に働いたのかもしれない．

単孔類とは異なり，クアッカワラビー（*Setonix brachyurus*）では副腎を除去すると2日以内に死亡する．しかし，1％生理食塩水の給水や副腎皮質ホルモンの投与により生存時間が延長することから，有袋類の塩類調節には副

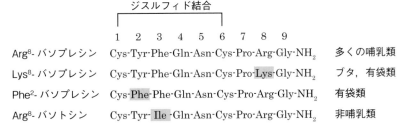

図4.5 バソプレシンのアミノ酸配列と脊椎動物における系統分布

腎皮質ホルモンが重要な役割を果たしていることがわかる．単孔類と有袋類での副腎皮質ホルモンの機能の相違が両者の環境適応機構や繁殖様式とどのように関係しているかは不明だが，哺乳類の進化を考える上で大変興味深い．

4.5.3 有胎盤哺乳類の浸透圧調節のしくみ

新生代（6,500万年前〜現在）になると，ヒトを含む有胎盤哺乳類が地球上のすべての地域で単孔類や有袋類よりも優勢となった．現生の種数を百分率で表すと，有胎盤類と非有胎盤類はそれぞれ96％と4％となり，有胎盤類が圧倒的に多い．有胎盤類は胎盤をもったことにより，その胚が胎盤を通じて母体から十分な酸素と栄養を受け取ることができるようになった．そのため，産み出された子は有袋類の新生児よりもはるかに発育した状態となっている．また，母体の体内（子宮）で発育するため，外部環境の影響を受けにくく，新生代に始まった寒冷化にも対応できたことが適応放散の大きな要因と考えられる．

浸透圧調節の上では，有胎盤類と有袋類の間に特筆すべき違いはみられないが，その浸透圧調節の能力は生息環境に応じて異なっている．たとえば，砂漠に棲むカンガルーラット（*Dipodomys merriami*）は水を飲まず，種子や植物から水を得ている（図4.6）．また，鼻腔の対向流熱交換機構は呼吸器からの蒸散による水分喪失を抑制している．一方で，実験室で飼育されたラットやマウスでは，尿による水分喪失はカンガルーラットよりも多く，尿濃縮力も劣っている．しかし，一般的に哺乳類の尿濃縮力は鳥類に比べて飛躍的

図 4.6 北アメリカの砂漠に棲むカンガルーラット
(*Dipodomys merriami*)（写真：photolibrary）

に大きくなった．腎髄質の発達したヘンレ係蹄と大きな浸透圧勾配は**対向流系**による尿濃縮力の増大に寄与し，鳥類の尿濃縮力がせいぜい 400 mOsm/kg H_2O 程度であるのに対して哺乳類では 1,000〜2,000 mOsm/kg H_2O にもなる．有袋類と同様に，有胎盤類においても副腎皮質ホルモンは塩類調節に必須のホルモンである．副腎を除去されたラットはナトリウムの喪失と過剰なカリウム蓄積によって数日で死に至る．

4.6 海へと帰った哺乳類の浸透圧調節

有胎盤類のなかには生活の場を陸上から海へと戻したグループがある．アザラシやアシカ，ラッコが属する食肉目（Carnivora），海牛目のジュゴン（*Dugong dugon*），そしてイルカやクジラといった鯨偶蹄目（Cetartiodactyla）のグループである．海水は約 3.5％の塩水で，その浸透圧は 1,000 mOsm/kg H_2O 以上になる．哺乳類の体液浸透圧がおおよそ 300〜350 mOsm/kg H_2O であるため，その浸透圧差により体内の水が奪われて脱水してしまうが，海鳥やウミガメは，水の補給をおもに餌や摂取した食物を代謝することで得られる代謝水に頼っており，また体内に取り込まれた過剰な塩分を塩類腺と呼ばれる特殊な塩類排泄器官から排出している．一方，このような塩類腺をもたない哺乳類は，代わりに体液浸透圧よりも高張な尿を作ることができる腎臓をもっており，高濃度の塩を含む尿を排出することで体液浸透圧を維持し

ている．しかし，いくら発達した腎臓をもっているとはいえ，ヒトが海水を飲むと，その塩分を排出するのに体内の水分を使わなければ排出できない．つまり，海水を飲むと脱水症状になるのである．では，イルカやクジラ（ハクジラとヒゲクジラ）のように真水を飲むことができない海洋哺乳類は，どのように海水環境の中で海水の3分の1という体液浸透圧を維持しているのだろうか？

じつは，海洋哺乳類の腎臓は陸生哺乳類の腎臓に比べて非常に大きく，ブドウの房のような形をした**葉状腎**（分葉腎）であり[4-7]，数百個の房が集まってできている（**図4.7**）．クジラやイルカはヒトの尿より高張な尿を作れるため，海水を飲んだとしても，高張尿によって余分な塩分を排出し，水を入手することができる．その高い尿濃縮能力は，腎臓髄質に多量に蓄えられた尿素によって形成された浸透圧勾配に起因している．つまり，尿素による高度な尿濃縮力の獲得が海洋での生活を可能にしたと考えられる．

最近の哺乳類の系統分類において，クジラやイルカは同じ鯨偶蹄目のラクダ（*Camelus*）やウシ（*Bos taurus*）などと近縁であることが明らかとなっている．実際，鯨類の骨格には後肢の痕跡が認められ，さらに，遺伝子を用いた分子系統解析からもその説が支持されている．また，クジラとラクダの尿中の尿素濃度は他の陸生哺乳類に比べて非常に高く，これは尿素が高張尿の産生に重要であることを示している．したがって，尿素を利用して高張尿を産生することで砂漠や乾燥地帯に適応していた鯨偶蹄目のなかから，現在のクジラやイルカの起源となる哺乳類が現れ，海へと進出したのではないかと想像される．また，哺乳類の祖である単弓類が同じく尿素を排泄する両生類から派生してきたということも大変興味深い点と言えるだろう．

ヒトの腎臓

ウシの葉状腎

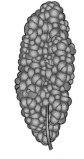
イルカの葉状腎

図4.7 ヒトと鯨偶蹄目の腎臓形態の比較

コラム 4.1
ヒトへの進化が生んだ高血圧症

　今や生活習慣病の代名詞とも言える高血圧症（収縮期血圧 140 mmHg 以上，拡張期血圧 90 mmHg 以上：世界保健機関 WHO 基準）．高血圧と推定される日本人は 4000 万人以上と言われており，実に日本人の 3 人に 1 人は高血圧とされる．現在，先進諸国で最も多い死因は，心臓発作や脳卒中（脳出血，脳梗塞）といった循環器疾患で，日本人の 3 大死因もまたがんに次いで，心疾患や脳血管疾患が挙げられている．しかし，高血圧はヒト以外には存在しない病気なのである．では，なぜ，人類は高血圧という病気を被るようになったのだろう？　それはヒトへ至る脊椎動物の進化のなかに垣間見ることができる．

　高い血圧が必要となったのは，約 3 億 7 千万年前．われわれの祖先が水中から陸上へと進出したことと関係がある．魚類の心臓は 1 心房 1 心室の 2 室で血圧は 20 mmHg であるが，哺乳類では心臓が 2 心房 2 心室の 4 室となり，血圧も 120 〜 140 mmHg と高い．心臓が多室化したのは，鰓呼吸から肺呼吸となり，肺循環系が必要となったためであるが，同時に全身に酸素と栄養分を供給しうる心臓が発達し，高い血圧を維持できるようになった．これは浮力が働く水中とは違って，陸上では大きな重力に対抗して血液を駆出する必要があったためだと考えられる．そして，この血圧の調節に働くのが RAAS 系である．このシステムを構成するホルモンの 1 つであるアンギオテンシン II（Ang II）は心臓の収縮力を高め，細動脈を収縮させることで血圧を上昇させる働きをもっているが，同時に副腎に作用して ALDO の分泌を促進させ，腎臓での Na^+ の再吸収を増加させる働きをもっている．脱水や出血による体液量の減少によって血圧が低下した場合，その刺激で産生された Ang II は昇圧効果だけでなく，ALDO を介した腎臓での Na^+ の再吸収を促進し，その浸透圧上昇の刺激が AVP による尿濃縮機構の強化を誘導する．このような一連のシステムにより体液の水と塩類のバランスが維持される．しかし，Na^+ 吸収に重要なホルモンである ALDO は魚類には存在しておらず，両生類以上の動物にしか備わっていない．つまり，われわれの祖先は，陸上生活に適した血圧と体液量を維持するための優れたシステムを進化の過程で

4.6 海へと帰った哺乳類の浸透圧調節

手に入れたのである．しかし，このような優れたシステムをもっているにも関わらず，現代人はいつしか食事から必要以上の塩分を摂るようになった（図4.8）．そのため，体液のバランスが崩れ，慢性的な体液量の増加による循環器系への負荷，すなわち高血圧へとつながったのである．

　高血圧のもう1つの進化的な要因には，ヒトが直立二足歩行を始めたことも関係している．直立二足歩行によって頭が心臓よりも高い位置にくるため，血液が最も酸素を必要とする脳まで行き渡りにくい．これに対応するため，心臓の筋層が発達するとともに，脳や心臓，腎臓といった臓器では酸素と栄養分を十分に行き渡らせるための毛細血管が重要となった．しかし，毛細血管は高血圧によって傷つきやすいため，高血圧患者では脳出血や腎臓の毛細血管が硬化する腎硬化症，糸球体腎炎などのリスクが高まる．

　このように人類が進化していく上で必要であった変化が，この飽食の時代に，逆に，われわれを苦しめる原因となったことは実に皮肉である．しかし，南米に暮らすヤノマミインディアンやアフリカのブッシュマンは1日に1g以下の食塩しか摂取していないが，元気に生活しており，彼らに高血圧はない．陸生生活のわれわれはもともと高血圧になりやすい体であることを認識して，過剰な食塩摂取に注意する必要がある．このように，進化を理解することは，単に学問としてではない違った視点から，ヒトの成り立ちを知り，健康の維持にも一役かっている．

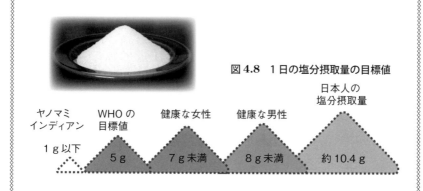

図4.8　1日の塩分摂取量の目標値

ヤノマミインディアン　1g以下
WHOの目標値　5g
健康な女性　7g未満
健康な男性　8g未満
日本人の塩分摂取量　約10.4g

4章 参考書

Bentley, P. J. (2002) "Endocrines and Osmoregulation" Springer, Berlin.

Chiras, D. D.（永田恭介 監訳）（2007）『ヒトの生物学』丸善.

Colbert, E. H. *et al.*（田隅本生 訳）（2004）『脊椎動物の進化』築地書館.

井村裕夫（2013）『進化医学 人への進化が生んだ疾患』羊土社.

岩堀修明（2014）『内臓の進化』講談社.

真島英信（1999）『生理学』文光堂.

Romer, A. S., Parsons, T. S. (1985) "The Vertebrate Body 6th ed." Saunders, Philadelphia.

浦野明央（1981）『ホルモンと水・電解質代謝』日本比較内分泌学会 編, 学会出版センター, p.61-81.

Zimmer, C.（渡辺政隆 訳）『水辺で起きた大進化』早川書房.

4章 引用文献

4-1) Bentley, P. J. (2002) "Endocrines and Osmoregulation" Vol.1, Bradshaw, S. D. *et al.* eds., Springer, p. 39-41.

4-2) Schmidt-Nielsen, K., Fange, R. (1958) Nature, **182**: 783-785.

4-3) Schmidt-Nielsen, K. (1960) Circulation, **21**: 955-967.

4-4) 石川良輔（1994）『うちのカメ』八坂書房.

4-5) Norman, D. (1985) "The Illustrated Encyclopedia of Dinosaurs" Salamander books, London.

4-6) Bentley, P. J. (2002) "Endocrines and Osmoregulation" Vol.1, Bradshaw, S. D. *et al.* eds., Springer, p. 98-104.

4-7) Berta, A. *et al.* (2015) "Marine Mammals: Evolutionary Biology" Berta, A. *et al.* eds., Academic Press, p. 289-291.

第 2 部　体液調節器官・組織・細胞

　動物が生息環境に適応するためには，外部環境と内部環境を隔てている器官・組織や細胞のレベルにおける調節がその根本にある．第 2 部では，主要な体液調節器官として鰓（えら），腎臓，皮膚に着目し，掘り下げて解説する．これらの器官の上皮細胞の細胞膜表面にはイオンチャネルや膜輸送体と呼ばれるタンパク質が発達しており，水と各種イオンの細胞内と細胞外の出入りに重要な役割を果たしている．
　魚類の鰓に存在する「塩類細胞」は水・電解質代謝の主役であり，外部環境の塩濃度が変わることでさまざまな膜輸送体の発現を変化させて変身するマルチタレントである．「腎臓」は，脊椎動物の各綱に共通の最も重要な浸透圧調節（体液調節）器官である．腎臓のネフロンは近位尿細管から集合管まで機能の異なるいくつかの部位から構成され，各部位にはそれぞれ異なるイオンチャネルや膜輸送体が発達して，水と電解質の再吸収や分泌に働いている．また，ネフロン各部位の機能の違いが体液調節に重要なことも解説する．脊椎動物種や環境に関連した腎臓の構造の違いやホルモンによる腎臓機能の制御について学んでほしい．さらに，体水分を調節する器官として両生類の「皮膚」に着目した．両生類は水を飲まない．その代わりに腹皮には水輸送に関わるチャネルが存在し，ホルモンにより巧みな制御を受けている．両生類が環境変化に適応するためにとった戦略の 1 つを知っていただきたい．

5. 塩類細胞

廣井準也・金子豊二

　サケ，ウナギ，スズキなどの広塩性魚と呼ばれる魚は，鰓に存在する特殊な細胞を使って淡水と海水というまったく異なるイオン環境に適応することができる．その細胞は「塩類細胞」と呼ばれ，さまざまなイオン輸送タンパク質を細胞膜にもつ．イオン輸送の分子機構は長年にわたって謎であったが，近年解明が急速に進んだ．本章では，浸透圧調節細胞として重要な塩類細胞の多型とさまざまな機能を概説する．

5.1　塩類細胞とは？

　魚の浸透圧調節機構は生物の「恒常性」を理解する上で好適な例である．淡水と海水における真骨類の浸透圧調節については2章でも述べられているが，あらためてここで図解する（図5.1）．本章を読み進む前に理解しておいてほしいのは，①淡水中の魚はイオン（おもにNa^+とCl^-）不足に陥るため，イオンを取り込む必要がある，②海水中の魚はイオン過多になるため，イオンを排出する必要がある，の2点である．淡水中でのイオンの取り込み

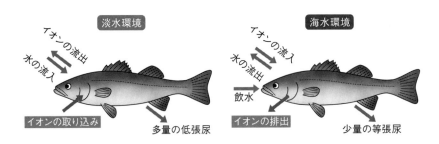

図5.1　真骨類の浸透圧調節機構
　魚の体液の浸透圧は，淡水よりも高く，海水より低いため，淡水ではイオン不足，海水ではイオン過多に陥ってしまう．これを補うために，鰓の塩類細胞がイオンの取り込み・排出を行う．

と海水中でのイオンの排出は，鰓に存在する**塩類細胞**によって行われている．塩類細胞の英文名称は，以前は chloride cell や mitochondrion-rich cell であったが，現在は ionocyte と呼ばれている．川と海のような幅広い塩分環境に適応できる魚種を広塩性魚というが，その広塩性の鍵を握っているのも塩類細胞である．

5.2 鰓に存在する塩類細胞

塩類細胞の構造の模式図を図 5.2 に示す．おもな特徴として，①鰓の上皮に存在する，②細胞の頂部の細胞膜（**頂端膜**）が外部環境に接する，③細胞の側面・底面の細胞膜（**側底膜**）が細胞内部に入り込み，複雑な管状構造を形成する，④ミトコンドリアに富み，イオンの能動輸送に必要な ATP を供給できる，などが挙げられる．これらの構造的特徴は，塩類細胞が外部環境（細胞外）と内部環境（細胞内）の間で方向性をもったイオン輸送に関与することを示す．

塩類細胞は，淡水中ではイオンの取り込み，海水中ではイオンの排出という正反対のイオン輸送に関与するが，淡水・海水のどちらでも，その側底膜

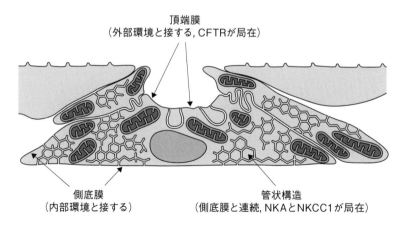

図 5.2 海水における塩類細胞の構造
（引用文献 5-1 より改変）

に Na$^+$/K$^+$-ATP アーゼ（NKA）というイオン輸送体が豊富に認められる．そのため，NKA に特異的に結合する抗体を使えば，塩類細胞をほぼ特異的に検出できる．

鰓の構造の模式図を図 5.3 に示す．鰓弓から 1 次鰓弁（さいべん）が左右交互に V 字型に突出し，それぞれの 1 次鰓弁の表裏にはひだ状の 2 次鰓弁が派生し，表面積を広げている．NKA 抗体を用いた免疫蛍光染色で可視化したタイセイヨウサケ（*Salmo salar*）の鰓に存在する塩類細胞を図 5.4 に示す．NKA は側底膜に局在するが，塩類細胞の側底膜は図 5.2 のように細胞内部に複雑に入り込んでいるため，ほぼ細胞全体が染まっているように見える．淡水中では，塩類細胞は太い 1 次鰓弁と薄い 2 次鰓弁の両方に見られるが，海水中では 2 次鰓弁の塩類細胞が認められない．このため，海水中で 1 次鰓弁に存在するものは海水型の塩類細胞であり，淡水中で 2 次鰓弁に存在するが海水中で消失するものは淡水型の塩類細胞であると推測される．このような淡水・海水における塩類細胞の存在部位の違いは，初めにサケ（*Oncorhynchus keta*；原棘鰭上目（きょっきじょうもく））で報告され[5-2]，その後，ニホンウナギ（*Anguilla japonica*；カラ

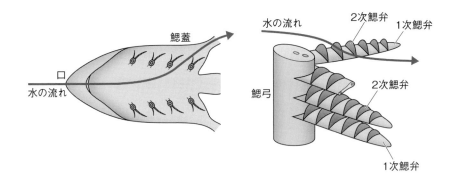

図 5.3 真骨類の鰓の構造
左は魚の腹面からみた鰓の配置．一般的な真骨類は左右 4 対の鰓をもつ．右は鰓の立体図．鰓弓から 1 次鰓弁が左右交互に V 字型に突出し，各 1 次鰓弁から薄い 2 次鰓弁が派生し表面積を広げている．各 1 次鰓弁において，水の流れの上流側（出鰓動脈側）と下流側（入鰓動脈側）では，下流側により多くの塩類細胞が存在する．（引用文献 5-1 より改変）

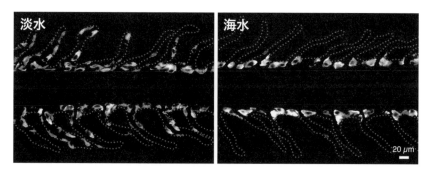

図 5.4 タイセイヨウサケの鰓の塩類細胞
水平方向に伸びる太い1次鰓弁から，薄い2次鰓弁が垂直方向に多数伸びている；淡水で2次鰓弁上に存在する塩類細胞は海水で消失する．NKA抗体を用いた免疫蛍光染色（参考書 Hiroi & McCormick, 2012 より改変）

イワシ上目），シャッド（*Alosa sapidissima*；ニシン上目），サバヒー（*Chanos chanos*；骨鰾上目），スズキ（*Lateolabrax japonicus*；棘鰭上目）など，真骨類のさまざまな分類群で認められた．

しかし，淡水，海水のどちらでも鰓の塩類細胞の存在部位が変化しない魚種もある．たとえば，サケ類のなかでも原始的とされるレイクトラウト（*Salvelinus namaycush*）やカワマス（*Salvelinus fontinalis*）では，淡水と海水のどちらでも2次鰓弁に塩類細胞が存在する．また，棘鰭上目のモザンビークティラピア（*Oreochromis mossambicus*），マミチョグ（*Fundulus heteroclitus*），メダカ（*Oryzias latipes*），ミドリフグ（*Tetraodon nigroviridis*）は，淡水と海水のどちらでも2次鰓弁に塩類細胞が存在しない．したがって，先述したような1次鰓弁に存在するのは海水型，2次鰓弁に存在するのは淡水型という塩類細胞の画一的な機能分類はできず，NKA抗体だけでは塩類細胞の機能を推定することは難しい．

5.3 淡水型塩類細胞と海水型塩類細胞

イオンを取り込む**淡水型の塩類細胞**と，イオンを排出する**海水型の塩類細胞**を区別する方法はないのだろうか．サケ類，ウナギ，モザンビークティラ

ピアなど，広塩性魚の多くで，塩類細胞は淡水では小型だが，海水に移行すると大型化する．しかし，マミチョグやサバヒーなどでは逆の変化をみせるため，細胞の大小は淡水型，海水型の一般的な指標とはならない．

上皮細胞によるイオン輸送は，細胞の**頂端膜**と**側底膜**のそれぞれに特異的な**イオン輸送体**が局在し，複数の輸送体が協調的に働くことで達成される．つまり，複数のイオン輸送体の局在を単一細胞レベルで可視化できれば，その細胞の機能を推定できる．

海水型塩類細胞では，図5.2に示したように，側底膜にNKAとNa^+-K^+-$2Cl^-$共輸送体1（NKCC1），頂端膜にCl^-チャネル（CFTR）が局在し，おもにこれら3つの輸送体の協働作業によってイオンが排出されるモデルが提唱されている．一方，淡水型塩類細胞では，側底膜にNKA，頂端膜にNa^+/H^+交換輸送体3（NHE3）をもつモデルと，側底膜にNKA，頂端膜にNa^+-Cl^-共輸送体2（NCC2）をもつモデルが提唱されている．

5.4 塩類細胞の多形：4つの型

塩類細胞の種類を分類するにあたり，胚や仔魚が有用なツールとなる．鰓がまだ機能していない胚や仔魚では，塩類細胞は体表に分布している．淡水と海水の両方に適応できるモザンビークティラピア胚の卵黄嚢上皮には塩類細胞が存在し，上述したイオン輸送に関与するNKA，NKCC1のa型，NCC2，NHE3，CFTR，計5種類の輸送体を免疫蛍光染色で可視化することができる（図5.5）．これまで，塩類細胞の多型は，淡水型と海水型の2種類しか存在しないと考えられていたが，5種類のイオン輸送体の分布により明確に4つの型に区別できることがわかり，それぞれⅠ型，Ⅱ型，Ⅲ型，Ⅳ型と命名されている[5-3]．淡水ではⅠ，Ⅱ，Ⅲの3種類が存在し，海水ではⅠとⅣの2種類が見られる．これら4種類の塩類細胞は，淡水，海水に適応させたモザンビークティラピア成魚の鰓でも同じ様式で存在する[5-4]．以下に，4種の塩類細胞の特徴を説明する（図5.5）．

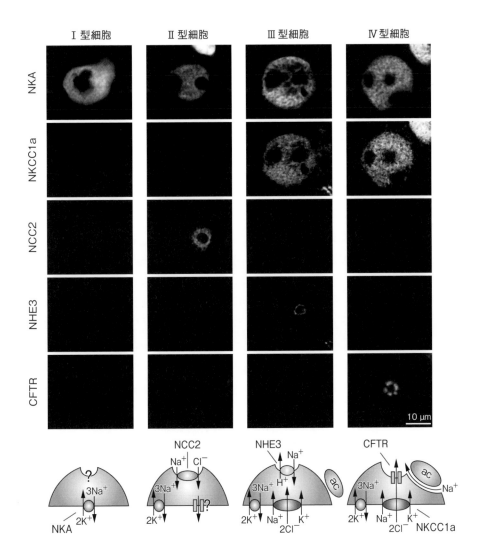

図 5.5 5種類のイオン輸送タンパク質（NKA，NKCC1a，NCC2，NHE3，CFTR）を可視化すると，モザンビークティラピア胚の塩類細胞は4種類（Ⅰ～Ⅳ型）に分類できる
（引用文献 5-3 より改変）

5.4.1 I型塩類細胞

I型塩類細胞は小型で，側底膜にNKAのみをもち，淡水・海水のどちらでも同じ頻度で出現する．これらの特徴より，当初，I型細胞は未成熟な塩類細胞であり，環境に応じて他の型に分化できる細胞と推定されていた．しかし，I型が他の型に変化しつつある移行型はまったく観察できない．I型は他の細胞型の若いステージではなく，頂端膜に未同定のイオン輸送体を備えた，独立した機能をもつ成熟した塩類細胞であると考えられる．実際，I型細胞が頂端膜にK^+チャネルをもち，K^+排出細胞として機能している可能性が最近示唆されている[5-5]．

5.4.2 II型塩類細胞

II型塩類細胞の特徴はNCC2を頂端膜にもつことであり，NCC2によってNa^+とCl^-を取り込む**淡水型塩類細胞**と考えられる．後述のIII型は機能の可塑性があるが，II型は単一の機能，すなわち淡水でイオンの取り込みのみを行う．海水で発生が進んでいるモザンビークティラピア胚を淡水に移すと，II型細胞は他の型の塩類細胞が変化するのではなく，新たに出現する．淡水から海水に移したときは，他の型に変化することなくII型のままで存続する．ただし，海水移行後もII型細胞の頂端膜にNCC2は検出されるが，周囲の呼吸上皮細胞によって頂端膜が物理的に覆われるため，イオンの取り込みができなくなっている．よって，II型細胞は海水中ではイオン取り込み機能を休止し，再び淡水に遭遇すると機能を回復すると考えられる．II型細胞の側底膜には，NKAに加えて，Na^+-HCO_3^-共輸送体1 (NBC1) が特異的に認められるのも特徴である[5-6]．また，淡水適応ホルモンとして知られるプロラクチンは，II型細胞の細胞数とNCC2の発現の両方を増加させる[5-7]．

5.4.3 III型塩類細胞

III型塩類細胞は，側底膜にNKAとNKCC1aをもち，頂端膜にNHE3を発現する．III型細胞は海水ではほとんど認められないが，海水から淡水に移すと24時間以内に出現し，逆に淡水から海水に移すとほぼ24時間以内に消

失する．III型塩類細胞は頂端膜にNHE3（H^+と交換でNa^+を取り込む）をもつことから，**淡水型のNa^+取り込み細胞**として機能すると考えられる．

5.4.4　IV型塩類細胞

IV型塩類細胞は，III型と同じように側底膜にNKAとNKCC1aをもち，頂端膜にCFTRを有する．これらの局在パターンは，現在提唱されている海水型塩類細胞のモデルと完全に一致し，海水環境でのみ観察できる．IV型細胞は淡水で発生が進んでいる胚では見つからないが，胚を淡水から海水に移すと24時間以内に出現し，逆に海水から淡水に移すと24時間以内にほぼ消失する．これらの点から，IV型細胞は「**海水型Cl^-排出細胞**」と考えられる．

IV型細胞の数は，淡水と海水の相互移行において，III型とまったく逆に増減する．この現象から一見，III型とIV型が別系統の細胞であると思われるが，じつは同一細胞に機能の可塑性があり，環境に応じてイオン輸送が異なるのである．仮にIII型とIV型が別系統の細胞であるとすると，淡水から海水，または海水から淡水へ移した後24時間以内に片方の細胞が完全に消失し，もう一方の細胞に置き換えられる現象が起きるはずである．しかし，そのような細胞の置換は認められない．淡水型のIII型細胞は，海水に入るとCl^-を排出するためのCFTRをすみやかに頂端膜に配置し，IV型の海水型イオン排出細胞に変化すると考えられる．

また，IV型細胞は，常に**アクセサリー細胞**という小型の細胞をともなう．アクセサリー細胞は，IV型細胞との間に狭い細胞間隙を作り，海水中ではNa^+がこの間隙を通って排出されると考えられる．しかしながら，淡水型のIII型細胞もアクセサリー細胞をともなうため，淡水，海水にかかわらず，アクセサリー細胞自身が何らかのイオン輸送機能に関わっている可能性も考えられるが，詳細は不明である．

コラム 5.1
SLC12 トランスポーターファミリー

　III型（淡水型），IV型（海水型）塩類細胞の側底膜に局在する NKCC1a と，II型細胞（淡水型）の頂端膜に局在する NCC2 は，SLC（solute carrier）12 トランスポーターファミリーに属している．NKCC1（SLC12A2），NKCC2（SLC12A1），NCC1（SLC12A3）が脊椎動物に普遍的にみられるのに対して，NCC2（SLC12A10）は条鰭類のみがもつトランスポーターである．なお，SLC12A10 をコードする遺伝子がモザンビークティラピアから初めて単離されてからしばらくは，SLC12A3 と SLC12A10 のどちらも「NCC」と呼んだが，混乱しないよう，前者を「NCC1」，後者を「NCC2」と区別するようになった[5-8]．

　SLC12 トランスポーターファミリーは臨床医学的に非常に重要である．たとえば，ヒト腎臓において SLC12A2（NKCC1）と SLC12A3（NCC1）はそれぞれ主要な利尿薬であるループ利尿薬，サイアザイド系利尿薬のターゲットであり，これらの遺伝子変異が I 型バーター症候群，ギッテルマン症候群の原因となる．1980〜1990 年代に多くの研究者が哺乳類の腎臓から遺伝子クローニングを試みたが，ことごとく失敗に終わった．ブレークスルーは，ヒト腎臓と似た利尿剤感受性をもつイオン共輸送系が非哺乳類の腎臓以外の組織に存在することに着目した研究者達によって，カレイの一種であるウインターフラウンダー（*Pseudopleuronectes americanus*）の膀胱からの *slc12a3*（*ncc1*）遺伝子，サメの一種であるアブラツノザメ（*Squalus acanthias*）の直腸腺からの *slc12a1*（*nkcc2*）遺伝子が単離されたことであった．いったん遺伝子が単離されれば，魚の遺伝子配列をプローブとして哺乳類の遺伝子をクローニングすることは容易になる．カレイの膀胱やサメの直腸腺に関する純粋な基礎生物学的研究の蓄積が，ヒトの臨床研究につながった一例である．

5.5　他の魚の塩類細胞 −塩類細胞の多様性−

　モザンビークティラピアには4種類の塩類細胞が存在するが，他の魚種ではどうだろうか．ゼブラフィッシュ（*Danio rerio*）とメダカについては，台湾のファン（Pung-Pung Hwang）の研究グループを中心として精力的に研究が進められている[5-9, 5-10]．

　狭塩性の淡水魚であるゼブラフィッシュでは，現時点でH^+-ATPアーゼ-rich細胞，NCC2細胞，Ca^{2+}取り込み細胞，K^+排出細胞の4種類の塩類細胞に分類されている[5-9]（図5.6B）．H^+-ATPアーゼ-rich細胞は頂端膜にNHE3をもつため，モザンビークティラピアのIII型と類似し，NCC2細胞はモザンビークティラピアII型と類似する細胞と考えられる．また，K^+排出細胞はモザンビークティラピアI型塩類細胞に相当すると思われる．

　広塩性を示すメダカについては，淡水では3種類，すなわち，NHE細胞（モザンビークティラピアIII型と類似），NCC2細胞（モザンビークティラピアII型と類似），およびCa^{2+}取り込み細胞が認められるが，海水に移すと，モザンビークティラピアIV型に類似するイオン排出細胞と，アクセサリー細胞の2種類が新たに認められる[5-10]（図5.6C）．メダカの淡水におけるNHE細胞と海水型イオン排出細胞の関係は，モザンビークティラピアのIII型とIV型の関係と同じように，同一系統の細胞が淡水，海水に応じて変化したものと考えられている．

　ニジマス（*Oncorhynchus mykiss*）の鰓では，淡水中でNHE陽性細胞，NHE陰性細胞，およびアクセサリー細胞の3種類が認められ，海水中でNHE陽性細胞とアクセサリー細胞の2種類の塩類細胞が区別できる（図5.6D）．NHE陽性細胞は，モザンビークティラピアのIII型，IV型細胞と類似しており，淡水ではイオンの取り込み，海水ではイオンの排出に関与していると考えられる．NHE陰性細胞は，頂端膜のNCC2を確認できていないが，淡水で出現し，側底膜にNBC1をもつなど，モザンビークティラピアII型細胞と類似する．NHE陰性細胞は単独で存在するのに対し，NHE陽性細胞はしばしば小型のアクセサリー細胞をともなう．

5章 塩類細胞

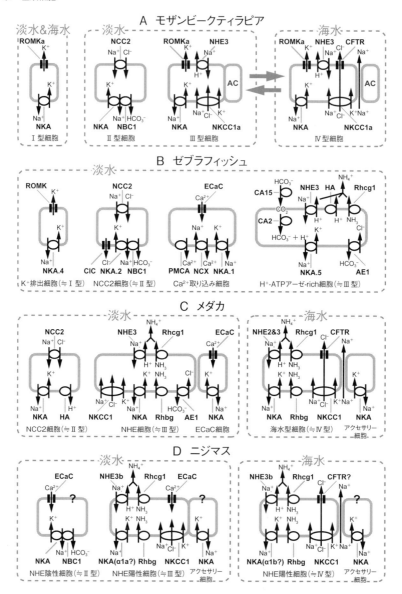

図 5.6　モザンビークティラピア，ゼブラフィッシュ，メダカ，ニジマスの塩類細胞の多型
（モザンビークティラピア：引用文献 5-3 より改変；ゼブラフィッシュ：引用文献 5-9 より改変；メダカ：引用文献 5-10 より改変；ニジマス：Hiroi, J., Mizuno, S., Kaneko, T. 未発表データ）

5.6 塩類細胞のさまざまな機能

これまで，モザンビークティラピアIII型塩類細胞やニジマスNHE陽性細胞などにおいて，淡水で頂端膜のNHE3がH^+と交換でNa^+の取り込みを行うと推定してきた．NHE3は非起電性の交換輸送体であり，細胞膜内外の電気化学的勾配に従ってNa^+とH^+を1対1で交換する．しかし，淡水に含まれるNa^+の濃度が塩類細胞内よりも低く，淡水のpHが塩類細胞内よりも低い場合（淡水のH^+濃度が塩類細胞内よりも高い場合），NHE3はNa^+を取り込むどころか，逆に体内からNa^+を排出してしまうと考えられる．では，どのようにNa^+を取り込んでいるのか．

最近，この疑問に対して有力な解答が得られた．**真骨類の鰓**は，外呼吸器官，浸透圧調節器官としての機能に加えて，窒素代謝の最終産物であるアンモニアの排出器官としても機能する．鰓におけるアンモニアの排出は従来考えられていた単純拡散によるものではなく，**Rh糖タンパク質**（Rh式血液型の抗原として知られていたが，その実体はアンモニア輸送体）を介して行われることが示された[5-11]．Rh糖タンパク質の一種であるRhcg1がNHE3と塩類細胞の頂端膜に共局在し，機能的な複合体（**メタボロン**）を形成するというモデルが提唱された[5-12, 5-13]．このモデルのポイントは，Rhcg1によって排出されたアンモニアが局所的なpHの上昇を引き起こし，NHE3によるNa^+の取り込みを促進させるというものである．

ニジマスにおいてNHE3とRhcg1を免疫染色してみると，確かにNHE陽性細胞の頂端膜に共局在する（**図5.7**）．つまり，NHE陽性細胞は，浸透圧調節（Na^+の取り込み）と同時に，酸塩基調節（H^+の排出）と窒素代謝（アンモニアの排出）にも関与しているのである．さらに，頂端膜を詳細に観察すると，淡水中ではRhcg1が頂端膜側の表面付近に位置するのに対して，NHE3はそのやや内側に位置し，NHE3とRhcg1の局在はわずかに異なる．ところが，淡水よりもイオンが少ない状態にした水の中では，NHE3が表面部分に移動し，Rhcg1とほぼ完全に重なるようになる．この変化は，Na^+が体内から失われる低イオン環境において，NHE3とRhcg1で形成されたメ

タボロンがより効率的に機能して Na$^+$ の取り込みを促進させている様子を示していると考えられる.

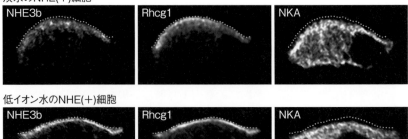

図 5.7　ニジマスの鰓の NHE(＋)細胞の高解像度写真
（頂端膜の表面を点線で示した；Hiroi, J., Mizuno, S., Kaneko, T. 未発表データ）

コラム 5.2
ウグイの酸性適応と塩類細胞

　塩類細胞の機能は淡水や海水への適応に留まらず，魚の酸性耐性にも深く関わっている．環境水が酸性化すると鰓上皮のイオン透過性が高まり，濃度勾配に従って H$^+$ が体内に流入し，Na$^+$ や Cl$^-$ が体外に流出する．その結果，酸性環境に置かれた魚では，血液が酸性化し（アシドーシス），浸透圧が低下する傾向にある．このような酸性環境下での血液の酸性化と浸透圧の低下に対処する能力が酸性耐性能である．魚の酸性耐性は魚種により大きく異なるが，青森県の恐山湖（宇曽利山湖）に生息するウグイは例外的に優れた酸性耐性を示す[5-14, 5-15]．

　恐山湖は火山性の酸性湖で，湖水の pH は 3.6 〜 3.7 ときわめて低い．そこには脊椎動物として唯一ウグイ（*Tribolodon hakonensis*）が生息し，この過酷な環境に見事に適応している．中性の水に馴致した恐山湖のウグイでは

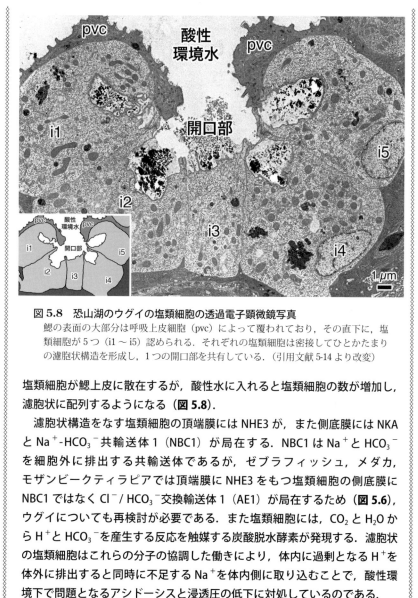

図 5.8　恐山湖のウグイの塩類細胞の透過電子顕微鏡写真
鰓の表面の大部分は呼吸上皮細胞（pvc）によって覆われており，その直下に，塩類細胞が 5 つ（i1 〜 i5）認められる．それぞれの塩類細胞は密接してひとかたまりの濾胞状構造を形成し，1 つの開口部を共有している．（引用文献 5-14 より改変）

塩類細胞が鰓上皮に散在するが，酸性水に入れると塩類細胞の数が増加し，濾胞状に配列するようになる（**図 5.8**）．

濾胞状構造をなす塩類細胞の頂端膜には NHE3 が，また側底膜には NKA と Na^+-HCO_3^- 共輸送体 1（NBC1）が局在する．NBC1 は Na^+ と HCO_3^- を細胞外に排出する共輸送体であるが，ゼブラフィッシュ，メダカ，モザンビークティラピアでは頂端膜に NHE3 をもつ塩類細胞の側底膜に NBC1 ではなく Cl^- / HCO_3^- 交換輸送体 1（AE1）が局在するため（**図 5.6**），ウグイについても再検討が必要である．また塩類細胞には，CO_2 と H_2O から H^+ と HCO_3^- を産生する反応を触媒する炭酸脱水酵素が発現する．濾胞状の塩類細胞はこれらの分子の協調した働きにより，体内に過剰となる H^+ を体外に排出すると同時に不足する Na^+ を体内側に取り込むことで，酸性環境下で問題となるアシドーシスと浸透圧の低下に対処しているのである．

5.7 おわりに

複数の魚種を比較した結果，海水中における塩類細胞のイオン排出メカニズムは，真骨類に共通したものであると考えられる．モザンビークティラピアのIV型細胞に代表されるように，側底膜にNKAとNKCC1，頂端膜にCFTRをもち，アクセサリー細胞をともなってNa$^+$とCl$^-$を排出するという現象である．

一方，淡水中では，複数の型の塩類細胞が存在し，異なる分子機構によってイオンを取り込んでいる．ただし，モザンビークティラピア，ゼブラフィッシュおよびメダカでは，頂端膜にNCC2をもつ細胞とNHE3をもつ細胞がそれぞれ独立して存在するが，マミチョグでは1種類の塩類細胞にNCC2とNHE3が共発現する可能性が指摘されている．広塩性のミドリフグはゲノム上にNCC2の遺伝子が認められないことから，NHE3をもつ1種類の塩類細胞によって淡水に適応していると考えられる．これらのさまざまな分類群に属する真骨類の淡水におけるイオン取り込みメカニズムの共通性と多様性を明らかにし，各種の浸透圧調節ホルモンによる調節機構を解明することが，今後の課題である．

コラム 5.3
卵黄玉培養系の確立と塩類細胞の機能の自律性

塩類細胞の機能分化のメカニズムはまだ十分に解明されていない．その1つの理由として優れた *in vitro* 実験系が確立されていないことが挙げられる．これまでに塩類細胞の細胞培養や鰓の器官培養などが試みられたが，いずれの場合も塩類細胞を長期間にわたって培養することはできなかった．そうしたなか，筆者らはこれまでにない斬新な培養系を開発することに成功した[5-16]．

精密なハサミを使って胚期のモザンビークティラピアの卵黄囊から胚体を切除し，平衡塩類溶液中で培養すると，傷口が完全に塞がり，卵黄が卵黄囊

5.7 おわりに

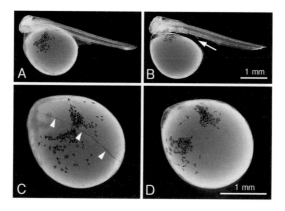

図 5.9　卵黄玉培養系
(A) 無傷のモザンビークティラピア胚；(B) 矢印の方向に剪刀を入れ卵黄嚢から胚体を切除；(C) 作製直後の卵黄玉，矢尻で示したのはトリパンブルーで染まった傷口；(D) 作製 3 時間後の卵黄玉，傷口がふさがるためトリパンブルーで染まらない．（引用文献 5-16 より改変）

上皮によって完全に包まれた「卵黄玉」ができる（**図 5.9**）．卵黄玉の卵黄嚢上皮にある塩類細胞はその極性，すなわち，頂端膜と側底膜の関係を保ったまま長期間の培養が可能であり，また，培養液と体内側は卵黄嚢上皮を挟んで完全に隔離されているため，別々に実験操作をすることができる．さらに卵黄玉は無傷の胚と同様に，淡水および海水中で培養可能なのである．

淡水中で培養した卵黄玉には，淡水中の胚と同じようにⅡ型とⅢ型の塩類細胞（いずれも淡水型）が見られる．一方，海水で培養すると，Ⅳ型細胞（海水型）が出現し優位となる．このように胚で観察される塩類細胞の応答が卵黄玉で再現できることは，塩類細胞の機能分化過程が胚体の内分泌系に必ずしも依存しないことを示している．塩類細胞は環境イオン濃度の変化を直接，あるいは間接的に感知して機能分化する，自律的な調節機構を備えているのである．浸透圧調節ホルモンの役割は，塩類細胞の自律的な機能を統合することにある．オーケストラに譬えるなら，イオン調節の最前線で活躍する塩類細胞はソロで活躍できる一流の楽器奏者であり，内分泌系はさしずめ百戦錬磨の指揮者といったところだろう．指揮者を失った楽器奏者が独自の判断でそれなりの演奏を続けている，それが卵黄玉なのである．

5章 参考書

Hiroi, J., McCormick, S. D. (2012) Respir. Physiol. Neurobiol., **184**: 257-268.

5章 引用文献

5-1) 金子豊二・渡邊壮一（2013）『増補改訂版 魚類生理学の基礎』会田勝美・金子豊二 編，恒星社厚生閣，p. 216-233.

5-2) Uchida, K. *et al.* (1996) J. Exp. Zool., **276**: 193-200.

5-3) Hiroi, J. *et al.* (2008) J. Exp. Biol., **211**: 2584-2599.

5-4) Inokuchi, M. *et al.* (2008) Comp. Biochem. Physiol., **A151**: 151-158.

5-5) Furukawa, F. *et al.* (2014) Am. J. Physiol., **307**: R1303-R1312.

5-6) Furukawa, F. *et al.* (2011) Comp. Biochem. Physiol., **A158**: 468-476.

5-7) Breves, J. P. *et al.* (2014) Gen. Comp. Endocrinol., **203**: 21-28.

5-8) Takei, Y. *et al.* (2014) Am. J. Physiol., **307**: R778-R792.

5-9) Hwang, P. P., Lin, L. Y. (2013) "The Physiology of Fishes" Fourth Edition, Evans, D. H., Claiborne, J. B., Currie, S., eds., CRC Press, Boca Raton, p. 205-233.

5-10) Hsu, H. H. *et al.* (2014) Cell Tissue Res., **357**: 225-243.

5-11) Nakada, T. *et al.* (2007) FASEB J., **21**: 1067-1074.

5-12) Wright, P. A., Wood, C. M. (2009) J. Exp. Biol., **212**: 2303-2312.

5-13) Kumai, Y., Perry, S. F. (2012) Respir. Physiol. Neurobiol., **184**: 249-256.

5-14) Kaneko, T. *et al.* (1999) Zool. Sci., **16**: 871-877.

5-15) Hirata, T. *et al.* (2003) Am. J. Physiol., **284**: R1199-R1212.

5-16) Shiraishi, K. *et al.* (2001) J. Exp. Biol., **204**: 1883-1888.

6. 腎　臓

内山　実

　腎臓は血液から尿を生成することによって，老廃物の排泄と体液調節（体液の量と組成の恒常性維持）に働く主要な臓器である．その形態や機能は動物群や生息環境によって異なり，環境適応や進化に重要な役割を果たしている．とくに尿細管を構成する上皮細胞の細胞膜には，物質輸送に関わる各種膜輸送体が存在している．近年，物質輸送に作用する各ホルモンや受容体の分子実体も明らかになっている．本章では，色々な脊椎動物の腎臓の構造，機能とホルモンによる調節について解説する．

6.1　体液調節における腎臓の概要

　体内で細胞が正常に機能するために，体液（細胞内液と細胞外液）はある一定の状態に保たれている．この正常範囲に保つしくみを体液調節と呼び，腎臓が重要である．

　脊椎動物の腎臓は，背側に左右一対存在する臓器である．発生学的には中胚葉性の器官で，個体発生の早い時期に**前腎**が形成され，やがて萎縮して退化する．**中腎**は少し遅れて後方に形成され，魚類と両生類では，生涯の腎臓として機能するようになる．一方，爬虫類，鳥類，哺乳類では中腎の後方に**後腎**が形成される．これらの動物では，個体発生の間に機能する腎臓が前腎から中腎，後腎へと変化するのである．このため，ヘッケル（Ernst Haeckel）が提唱した生物発生原則「個体発生は系統発生の短縮した繰り返し」の例に挙げられることがある．図6.1に脊椎動物の3種類の腎臓の形成を示した．

　腎臓が機能するための最小単位は**ネフロン**と呼ばれ，**糸球体**と**ボーマン嚢**からなる**腎小体**と**尿細管**（細尿管ともいう）から構成されている．尿細管は構造と機能の違いから分節に分けられる．哺乳類の尿細管には**ヘンレ係蹄**（ヘ

6章 腎臓

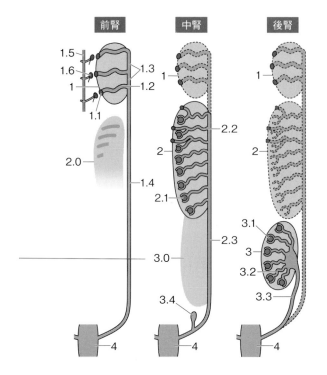

図6.1 脊椎動物の前腎，中腎，後腎の形成模式図
1：前腎，1.1：腎口，1.2：前腎管，1.3：集合管，1.4：前腎輸管，1.5：背部大動脈，1.6：糸球体，2：中腎，2.0：中腎形成芽体，2.1：腎小体，2.2：尿細管，2.3：中腎輸管，3：後腎，3.0：後腎形成芽体，3.1：腎小体，3.2：尿細管，3.3：輸尿管，3.4：尿管芽，4：総排泄腔．（引用文献6-1より一部用語改訂．許可を得て引用）

ンレのループ）と呼ばれる分節構造があり，血漿より高濃度の尿を生成（尿濃縮）することができる．一方，爬虫類以下の動物の腎臓にはヘンレ係蹄がなく，尿濃縮ができない．腎臓の機能は**糸球体濾過**と，尿細管における再吸収と分泌があり，ホルモンや神経によって調節されている．ホルモンは**体液調節ホルモン（浸透圧調節ホルモンあるいは水・電解質代謝ホルモン**ともいう）と呼ばれ，下垂体後葉（神経葉）ホルモンの**バソプレシン（arginine vasopressin：AVP）やバソトシン（arginine vasotocin：AVT），レニン・アンギオテンシン・アルドステロン系（renin-angiotensin-aldosterone system：RAAS），ナトリウム利尿ペプチド類（natriuretic peptides：NPs），ミネラルコルチコイド**が代表的なものである．

6.2 脊椎動物の腎臓の構造と働き

脊椎動物の腎臓の構造と機能について，哺乳類から進化をさかのぼって見ていくことにしよう．

6.2.1 哺乳類の腎臓は尿を濃縮できる

哺乳類の腎臓はソラマメ形をした一対の器官で，まんじゅうに譬えると，内部は「皮」の部分にあたる**皮質**と内側の「あんこ」の部分の**髄質**に分けられる．皮質は腎小体と，とぐろ状の尿細管からなり，髄質は直行する尿細管と集合管からなる．構造が特殊な腎臓をもつ動物も知られている．鯨偶蹄目（Cetartiodactyla）に属する動物は，複数の小腎からなる葉状腎と呼ばれる腎臓をもつ．また，砂漠に生息するトビネズミ類（Dipodidae科）は，皮質に対して髄質の割合が多く，効率よく尿濃縮を行うことができる．一方，湿原に生息するビーバー類（*Castor*属）は髄質部分が少なく，尿濃縮能が低い．

図6.2に哺乳類の腎臓ネフロンの模式図を示す．ネフロンは構造と機能の違いから，**腎小体**，**近位尿細管**，**ヘンレ係蹄**，**遠位尿細管**，**集合管**に大別されている．また，糸球体の位置によって，**表在ネフロン**（短いループネフロンともいう）と**傍髄質ネフロン**（長いループネフロン）に分けられ，傍髄質ネフロンは髄質の内層を直血管や集合管と並んで走行する．

ネフロンにおける尿生成の最初のステップは，糸球体における濾過である．**糸球体濾過量**は，糸球体に血液を送る**輸入細動脈**と血液が出ていく**輸出細動脈**の収縮によって変動する．この調節には，RAASとプロスタグランジン系のホルモンが関わっている．また，糸球体内に存在する**メサンギウム細胞**と輸入細動脈とヘンレ係蹄上行脚の**マクラデンサ細胞**とからなる**傍糸球体装置**は，遠位尿細管内液の流れや組成の情報を感知して，輸入細動脈血管の収縮や弛緩に働いている．この調節機構は**尿細管－糸球体フィードバック**と呼ばれ，**アンギオテンシンⅡ**（angiotensin Ⅱ：Ang Ⅱ）により活性化され，NPsによって抑制される．

糸球体で濾過された原尿は，ボーマン嚢を経て近位尿細管に送られ，水や

6章 腎臓

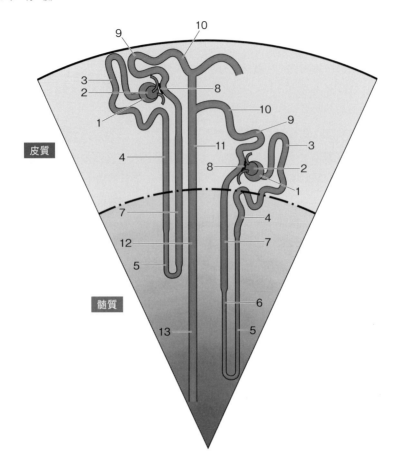

図 6.2　哺乳類のネフロンの模式図
1：腎小体（ボーマン嚢），2：糸球体，3：近位曲尿細管，4：近位直尿細管，5：細い下行脚，6：細い上行脚，7：太い上行脚，8：マクラデンサ，9：遠位曲尿細管，10：接合尿細管，11：皮質集合管，12：髄質外層集合管，13：髄質内層集合管．用語は，国際生理学連合腎委員会の提案（1998年）に準ずる．

溶質が再吸収される．各物質は上皮細胞の管腔側からさまざまな**膜輸送体**（6.3節参照）や細胞間隙を通って再吸収され，血液側へと輸送される．ヘンレ係蹄はU字状に配列して，下行脚と上行脚に分けられている．下行脚で

はNaClと水の透過性が高く，上行脚ではNaClは能動的に再吸収されるが水透過性は著しく低いという特徴がある．この構造によって，髄質にNaClや尿素が蓄積して皮質側から髄質内層に向かって高くなる**浸透圧勾配**が形成される．このようにして形成された高張な腎髄質を，ヘンレ係蹄と並んで集合管や直血管が**対向流系**をなして走行しているため，管腔内の水が再吸収されて尿濃縮が起こるのである．

ヘンレ係蹄に続く遠位尿細管は，マクラデンサ（緻密斑）から集合管まで形態的にも機能的にも不均質な分節である．この部位は濾過されたNa^+の約5～10%を再吸収してK^+を分泌する．さらにCa^{2+}とMg^{2+}の再吸収と分泌に重要な役割をもつ部位である．

集合管はNa^+やHCO_3^-，尿素，水の再吸収，K^+やH^+の分泌に働いている．この多彩な機能は上皮細胞に存在する複数の異なる**膜輸送体**による．皮質集合管は**集合管細胞**と2種類の（αとβ）**間在細胞**からなる．集合管細胞では，**アルドステロン**（aldosterone：ALDO）による調節を受けてNa^+の再吸収やK^+の分泌が行われる．また，AVPにより**水チャネル**（aquaporin：AQP）を介して水透過性が亢進する．α間在細胞は管腔側膜にH^+-ATPアーゼ，側底膜にCl^-/HCO_3^-交換輸送体とCl^-チャネルがあり，酸塩基平衡に関係する．一方，β間在細胞は管腔側膜にCl^-/HCO_3^-交換輸送体が，側底膜にH^+-ATPアーゼとCl^-チャネルがある．髄質集合管にはα間在細胞が多く，盛んにH^+分泌が行われている．集合管上皮細胞には**尿素輸送体**（UT）があり，尿素の再吸収に働いて，腎髄質の高い浸透圧勾配を形成している．近年の分子生物学的研究から尿細管を構成する細胞に存在するイオン輸送の実体が明らかになり，尿細管の機能異常による病気の解明にも役立っている．これらの輸送体については**図6.7**に模式的に示し，6.3節で解説する．

それでは，以下の6.2.2～6.2.5項において，非哺乳類の腎臓について概説することにしよう．<u>非哺乳類のネフロン</u>は6.2.1項で述べた哺乳類のネフロン分節とは異なり，無顎類から鳥類まで共通して，腎小体，**頸節**，近位尿細管，**中間節**，遠位尿細管および集合管からなる．また，体の後部からの血液を腎臓に運ぶ**腎門脈系**が発達している．**図6.3**に各動物群のネフロンの模式図を

6章 腎臓

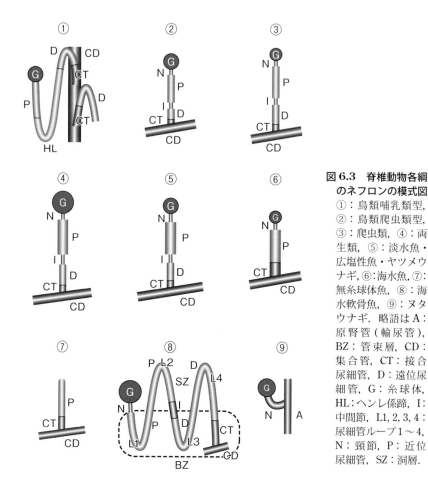

図 6.3 脊椎動物各綱のネフロンの模式図
①:鳥類哺乳類型,②:鳥類爬虫類型,③:爬虫類,④:両生類,⑤:淡水魚・広塩性魚・ヤツメウナギ,⑥:海水魚,⑦:無糸球体魚,⑧:海水軟骨魚,⑨:ヌタウナギ.略語はA:原腎管(輸尿管),BZ:管束層,CD:集合管,CT:接合尿細管,D:遠位尿細管,G:糸球体,HL:ヘンレ係蹄,I:中間節,L1, 2, 3, 4:尿細管ループ1〜4,N:頸節,P:近位尿細管,SZ:洞層.

示した.

6.2.2 鳥類は2種類のネフロンをもち,爬虫類の腎臓は外部形態が多様である

鳥類の腎臓は,前部,中部,後部の3つの部分からなり,仙骨部にしっかりと収まっている.血液は**腎動脈**,**坐骨動脈**,**腎門脈**から供給される.腎門脈は尿細管周囲の血管網に血液を供給するので,濾過が行われていない糸球

体でも尿細管の再吸収と分泌を行うことができる．ネフロンは，ヘンレ係蹄のない短い**爬虫類型ネフロン**が全体の 70 ～ 90％を占め，残りの 10 ～ 30％はヘンレ係蹄のある**哺乳類型ネフロン**である（図 6.3 ①，②）．

　鳥類の糸球体は哺乳類に比べて小さいが，濾過膜孔が大きい．近位尿細管では**糸球体濾過量**の約 65％が再吸収される．遠位尿細管での Na^+ 吸収には RAAS，AVT，**コルチコステロン**（corticosterone：CORT）が関わり，K^+ 分泌には ALDO と CORT が関わっている．鳥類の窒素代謝産物（窒素老廃物ともいう）は**尿酸**（$C_5H_4N_4O_3$）で，Na^+ などの陽イオンと結合した白い結晶として排出され，水の喪失を抑えている．

　爬虫類はムカシトカゲ類，トカゲ類とヘビ類を含む有鱗類，カメ類，ワニ類に分けられる．淡水，海水，陸など多様な生態系に生息し，各グループ間で外部形態は大きく異なる．腎臓の形態も多様で，トカゲ類の腎臓は小形の三角形，ヘビ類では体側に沿って細長く，カメ類では甲羅の中に押し込められている．ネフロン分節は他の非哺乳類と同様である（図 6.3 ③）．

　血液は腎動脈により糸球体へ，また腎門脈から尿細管周囲血管へと供給されている．静脈系は腎静脈から大静脈へ流れる．ヘビ類では膀胱がないため尿は輸尿管から直接，尿生殖洞に注がれて排出される．一方，トカゲ類やカメ類は膀胱を経て排出される．ホルモンによる調節については，AVT が **V1 受容体**（V1R）を介して輸入細動脈を収縮させることにより糸球体濾過量を減少させるとともに，遠位尿細管の **V2 受容体**（V2R）を介して水と塩類の再吸収を促すことにより抗利尿作用を示す．一方，腎ネフロンに NPs 受容体は存在するが，生理作用はよくわかっていない．

6.2.3　両生類は大きな腎小体をもつ

　両生類の腎臓は生息環境や体のサイズに関連した特徴はあるが，ネフロン分節は他の非哺乳類と同様である（図 6.3 ④）．尿の生成は，淡水中では濃度の薄い多量の尿を排出し，陸上では尿量が著しく減少して無尿になることもある．

　図 6.4 に無尾類のアズマヒキガエル（*Bufo japonicus formosus*）の光学顕微

6章 腎臓

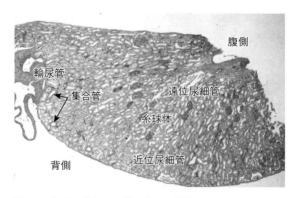

図 6.4　無尾両生類の腎臓の光学顕微鏡写真
ネフロン構造は腎小体（糸球体，ボーマン囊），近位尿細管，遠位尿細管と集合管からなる．

鏡写真，図 6.5 と図 6.6 に糸球体および尿細管の電子顕微鏡写真を示す．腎小体の直径は，ヒトでは 130〜200 μm，両生類では 150〜200 μm であり，体のサイズの割には非常に大きい．糸球体の毛細血管を流れる輸入細動脈の血流量の変動は**糸球体濾過量**を変化させ，尿量に大きく影響する（図 6.5）．近位尿細管では Na^+ 輸送にともなって，濾過された糖質，アミノ酸，タン

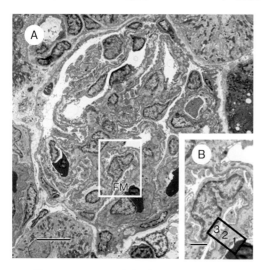

図 6.5　アズマヒキガエルの糸球体の電子顕微鏡写真
（A）糸球体毛細血管と濾過膜とボーマン囊腔．FM：濾過膜．スケールバー＝ 10 μm．（B）濾過膜．血液は血管内皮，基底膜，タコ足細胞間隙からなる濾過膜を通過して，ボーマン囊腔に入り原尿になる．1：血管内皮細胞，2：基底膜，3：タコ足細胞間隙．スケールバー＝ 2 μm．

パク質の大部分が再吸収される．

遠位尿細管は構造と機能の違いから二部（前部と後部）に分けられている．**遠位尿細管前部**は，発達した細胞基底膜の襞の絡みあい（基底陥入）の間にミトコンドリアが縦列しており，イオンや水透過性の性質から哺乳類の

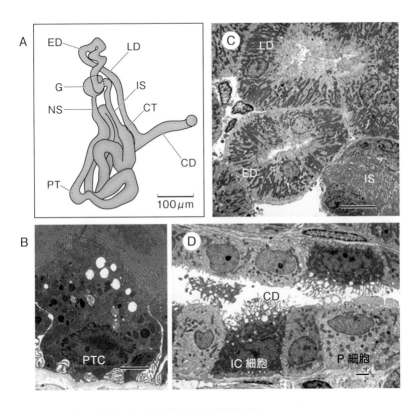

図6.6 アズマヒキガエルの尿細管の電子顕微鏡写真
　（A）**ネフロン模式図**．略語はCD：集合管，CT：接合尿細管，ED：遠位尿細管前部，G：糸球体，IS：中間節，LD：遠位尿細管後部，NS：頸節，PT：近位尿細管．（B）**近位尿細管 PTC**．近位尿細管細胞．図上部の管腔膜には微小絨毛（刷子縁），上部細胞質に細胞内顆粒，基底陥入が観察される．（C）**遠位尿細管**．略語はED：遠位尿細管前部，IS：中間節，LD：遠位尿細管後部．EDとLDの上皮細胞は，深い基底膜陥入と長い棒状のミトコンドリアが配列する特徴がある．（D）**集合管**．CD：集合管腔，IC細胞：間在細胞，P細胞：主細胞．本文参照．スケールバーはB＝2 μm，C＝10 μm，D＝2 μm．

太い上行脚に譬えられて"diluting segment"と呼ばれている（図 6.6A）.遠位尿細管後部と集合管の上皮は，主細胞とミトコンドリアに富んだ間在細胞によって構成されている（図 6.6）.主細胞の側底膜には Na^+/K^+-ATP アーゼ（NKA），管腔膜には上皮性ナトリウムチャネル（epithelial Na channel：ENaC）と Na^+/H^+ 交換輸送体（NHE）が存在し，Na^+ と Cl^- の再吸収に働いている.間在細胞は炭酸脱水酵素に富んでおり，酸塩基平衡（pH の調整）に関わっている.鳥類の腎臓と同様に，AVT は V1R を介した糸球体濾過量の減少，V2R を介した尿細管での水と塩類の再吸収によって体液量の維持に作用する.尿は腎臓から中腎輸管によって総排泄腔（総排出腔ともいう）に運ばれ，総排泄腔に開口する膀胱に流れ込んで溜められた後に排出される.

6.2.4 淡水魚と海水魚の腎臓の類似点と相違点

硬骨魚類は生息域により淡水魚，海水魚，広塩性魚に分けられる.いずれも体液調節には鰓と腸と腎臓が重要である.鰓については 5 章を参照されたい.

腎臓は体腔の背側にある赤褐色の細長い器官で，前部の頭腎と後部の体腎からなる.頭腎はリンパ様の組織で，体液調節に関わるステロイドホルモンのコルチゾルを産生する.一方，体腎は多数のネフロンが存在する.血液は腎動脈と腎門脈から供給され，尿はネフロンを経て，左右の輸尿管に集められて総排泄腔を経て排出される.

淡水魚の腎臓は体液を高張に保つために，体内に流入する水分を排出するとともに，塩類を体内に保持するように働いている（図 6.3 ⑤）.腎臓は頭腎と体腎が融合しており，頭腎は体腎に散在的に存在する.また，海水魚に比べてネフロンの数が多いことが特徴である.中間節をもつ魚種もいる.淡水魚は海水魚に比べて大形の糸球体をもち，血液が濾過されて，薄い濃度の多量の原尿になる.原尿から Na^+ と Cl^- が，水の透過性が低い遠位尿細管上皮細胞の側底膜に存在する NKA と，管腔側の Na^+-K^+-$2Cl^-$ 共輸送体 2（NKCC2）によって再吸収される.

海水魚の腎臓は，環境より体液を低張に保つために水分の損失を抑制するとともに，摂取した海水や食物に含まれる過剰な塩類，とくに Mg^{2+} と

Ca^{2+}の排出に働いている．ネフロンは糸球体が小形で遠位尿細管がないものが多く，少量の等張尿が生成される（図6.3⑥）．興味深いことに，ガマアンコウ類（*Opsanus* spp.）などはネフロンに糸球体と遠位尿細管がない無糸球体魚で，近位尿細管からMg^{2+}, Ca^{2+}, SO_4^{2-}，リン酸塩が分泌される（図6.3⑦）．

淡水と海水を往来する広塩性魚は，淡水中では高張，海水中では低張な体液濃度を維持している．淡水魚と似たネフロンをもつが，海水適応時には濾過に働く糸球体数が減少する．濾過量は交感神経 α 作用，AVT, Ang Ⅱによって増加し，プロラクチンによって減少する．

6.2.5 軟骨魚類は複雑なネフロンをもち，無顎類の腎臓は進化の過程を示す

海水に生息するサメ，エイなどの軟骨魚類は，硬骨魚類と同じように海水を飲み，体内に入った陽イオン類，陰イオン類を排出する．しかし，硬骨魚類と異なり，体内に尿素とトリメチルアミンオキシド（TMAO）を保持して，体液浸透圧を海水よりもやや高くしている（2章参照）．軟骨魚類の腎臓は標準的な各分節をもつが，糸球体はきわめて大形で，近位尿細管と遠位尿細管は長くて複雑な配列をしている．単一ネフロンの尿細管は腹側の管束層と背側の洞層において4回ループ状に配列し，管束層では管周囲鞘に包まれて対向流系を形成し，尿素とTMAOの貯留に働いている（図6.3⑧）．また，Na^+とCl^-はおもに直腸腺と呼ばれる軟骨魚類特有の器官から排出され，Mg^{2+}とSO_4^{2-}は消化管から排出される．

淡水や汽水には少数の軟骨魚類が生息する．これらの動物はアンモニアを排出し，尿素を体内に貯留することはない．腎臓は層区分が見られず，ネフロンは2回ループ状構造で，Na^+とCl^-の再吸収と多量の尿を排出する．広塩性軟骨魚は，海水から汽水への移行時に糸球体濾過量と尿量を増加させ，血漿中のNaClと尿素濃度を低く保つように調節する（2章参照）．

無顎類には，ヌタウナギ類（hagfish）とヤツメウナギ類（lamprey）が属している．ヌタウナギ類の体液調節は浸透圧順応型で，体液浸透圧は海水と等張である．腎臓には大形の糸球体が存在し，濾過された原尿が頸節を経て

6章 腎臓

原始的な腎管に注ぎ込み,そこでグルコースや各種イオンの再吸収,分泌が行われ,体液浸透圧と等張な尿が排出される(図6.3 ⑨).一方,ヤツメウナギ類は浸透圧調節型で,淡水と海水を往来する広塩性魚である.腎臓は淡水硬骨魚と同様の構造である(図6.3 ⑤).淡水中では,濾過された原尿の約40%の水と約90%のNa^+やCl^-が遠位尿細管と集合管で再吸収され,血漿浸透圧の10分の1程度の薄い大量の尿が排出される.海水中では,体液量を保持するために糸球体濾過量は淡水中に比べ2分の1程度に減少し,濾過された水の約90%が再吸収される.

6.3 　Na^+と水の代表的な膜輸送体

水と細胞外液の主要な陽イオンのNa^+は,濾過された後に大部分が尿細管各部で再吸収される.遠位尿細管と集合管を構成する細胞と,それらの細胞に存在する各種輸送体の存在部位を図6.7に示す.

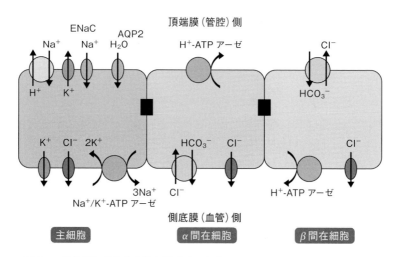

図6.7　遠位尿細管と集合管を構成する上皮細胞のイオン輸送
　遠位尿細管(遠位曲尿細管と接合尿細管)と集合管には多彩な膜輸送体が存在しており,多様な機能をもつ.接合尿細管と集合管は主細胞と(αとβ)間在細胞からなり,主細胞はNa^+とK^+の調節に働き,間在細胞は体液pHの調節に重要である.ALDOがNa^+とK^+の輸送,AVPが水輸送を促進する.

6.3.1 Na$^+$/K$^+$-ATPアーゼ

細胞内外の陽イオン濃度分布は，Na$^+$濃度は細胞外で高く，K$^+$濃度は細胞内で高い．**NKA**は細胞の**側底膜**に存在して，細胞内外のイオン環境の維持に機能している酵素である．尿細管では，Na$^+$を細胞内から細胞外へATPのエネルギーを使って**能動輸送**することによって，管腔側からNa$^+$を細胞内へ流入させる．哺乳類では，近位尿細管，ヘンレ係蹄の太い上行脚，遠位尿細管で活性が高く，非哺乳類でも近位尿細管と遠位尿細管で活性が高い．活性調節にはALDO，インスリン，アドレナリンが関わる．

6.3.2 上皮性Na$^+$チャネル

緊密に結合した上皮細胞の頂端膜（管腔膜）に発現し，利尿剤のアミロライドで阻害されるNa$^+$チャネルである．**ALDO**はENaCによるNa$^+$輸送を促進して，K$^+$チャネルを介したK$^+$分泌や，AQP2を介した水の再吸収を調節する．非哺乳類の遠位尿細管にもALDO受容体とENaCが存在し，AngⅡはENaCによるNa$^+$輸送を促進する．

6.3.3 Na$^+$とCl$^-$の共輸送体

電気的中性になるように細胞内にNa$^+$とCl$^-$を共輸送する輸送体である．**Na$^+$-K$^+$-2Cl$^-$共輸送体**（NKCC）は利尿剤のブメタニドやフロセミドによって，**Na$^+$-Cl$^-$共輸送体**（NCC）は利尿剤のサイアザイドによって機能が阻害される．NKCCは2つのアイソフォーム（NKCC1，NKCC2）があり，AVPはヘンレ係蹄の太い上行脚の管腔側膜に発現するNKCC2の機能を亢進する．ALDOは遠位尿細管と接合尿細管の管腔側膜に存在するNCCの機能を亢進して，NaClの再吸収を促進する．

6.3.4 アクアポリン

AQPは，水が細胞膜を透過する際の孔を形成する細胞膜輸送タンパクである．7章でも述べたが，脊椎動物では17種類のAQP（AQP0～AQP16）が発見されている．哺乳類の腎臓には水分子のみを通す**アクアポリン**

AQP1，AQP2，AQP4，AQP6，AQP11 と，水とグリセロールを通す**アクアグリセロポリン** AQP3，AQP7 が存在する．AQP2 は集合管における尿濃縮に重要な役割を果たしており，AVP/AVT によって活性化される．

6.4 腎臓機能を調節する体液調節ホルモン

腎臓ネフロンにおいて，Na^+ と水の輸送を調節する体液調節ホルモンの作用部位を図 6.8 に示す．

6.4.1 バソプレシンとバソトシン

視床下部で産生された後に下垂体後葉（神経葉）に貯留・分泌されるため，**下垂体後葉（神経葉）ホルモン**と呼ばれる．哺乳類では 8 番目のアミノ酸がアルギニンか，リジンかの違いで，アルギニンバソプレシン（AVP）とリジンバソプレシン（LVP）とがある．非哺乳類のホモログはアルギニンバソトシン（AVT）である．脊椎動物の**腎臓集合管細胞**の V2R 受容体を介して，水の再吸収を促進させ，**尿量減少（抗利尿）**に働く．

AVP や AVT は，V1a 受容体（V1aR）を介して血管平滑筋を収縮させる．この作用は，糸球体の輸入細動脈や輸出細動脈を収縮させて糸球体濾過量を増減させる．血漿浸透圧の上昇，細胞外液の減少，Ang II 濃度の上昇によって下垂体後葉（神経葉）からの分泌が促進され，ナトリウム利尿ペプチド類によって抑制される．

6.4.2 レニン・アンギオテンシン・アルドステロン系

循環血中でアンギオテンシノーゲンに腎臓の傍糸球体細胞から分泌されるレニンが作用して Ang I が産生され，さらに変換酵素が作用して **Ang II** が生成される．Ang II は副腎皮質に作用して ALDO の合成分泌に働く．体液量の低下が引き金になって，これら一連の生成系が動くことから，**レニン・アンギオテンシン・アルドステロン系（RAAS）**と呼ばれる．生成された ALDO は腎臓の集合管に作用して，Na^+ と Cl^- の再吸収を促進させる．

6.4 腎臓機能を調節する体液調節ホルモン

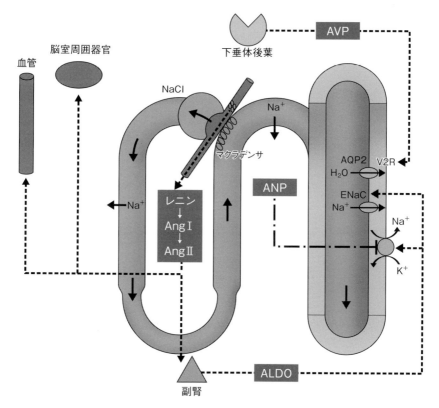

図6.8 レニン・アンギオテンシン・アルドステロン系とバソプレシンによる水とNa$^+$輸送調節

レニンは体液Na$^+$減少，体液量減少，血圧低下によって傍糸球体細胞から分泌され，アンギオテンシノーゲンからAng Ⅰ を経てAng Ⅱ が生成される．Ang Ⅱ は副腎からALDOを分泌させる．ALDOは集合管に作用してNa$^+$/K$^+$-ATPアーゼの活性化とENaC発現を増加させて，Na$^+$再吸収とK$^+$排出を促進する．Ang Ⅱ は血圧を上昇させるとともに中枢神経系に作用して飲水を促進する．AVPは集合管細胞のV2受容体に作用してアデニル酸シクラーゼを活性化し，細胞内cAMPを増加させて，AQP2の管腔膜側への移動を誘起させる．AQP2は管腔側の細胞膜に融合して水透過性を亢進する．ANPは集合管でのNa$^+$再吸収を抑制して，Na$^+$利尿を引き起こす．

6.4.3 心房性ナトリウム利尿ペプチド

哺乳類の腎臓では，**心房性ナトリウム利尿ペプチド**（ANP）の受容体がおもに糸球体と直血管および集合管に分布している．ANPは血管平滑筋を弛

緩させて血圧を低下させるとともに，腎臓に作用して糸球体濾過量の増加とNa^+の再吸収を抑えて，水とNa^+排出を増加させる．また，ALDO分泌抑制作用がある．

6.5 おわりに

この章では，「体内の水と溶質の量と組成を調節する腎臓のしくみ」について，比較生理学的な観点から解説した．腎臓はここに示したように複雑な臓器であるため，iPS細胞による「人工臓器の作製」が最も難しい臓器の1つである．非哺乳類で得られている知識はまだ断片的であるが，さらに研究を続けることによって，多様な環境への適応や進化の機構，脊椎動物に共通した基本的なしくみを明らかにすることができるだろう．腎臓の比較生理学的研究が，再生医療を含む多方面の研究に役立つことを期待している．

コラム 6.1
尿細管は「再吸収」と「分泌」を行う

　腎臓の糸球体では，血球やタンパク質以外の血液成分が濾過される．しかし，尿細管でそれら大部分が再吸収され，一方で有害物質は分泌によって排出される．ヒトではブドウ糖の100％，水とNaClの99％以上が再吸収され，非哺乳類でも90％以上が再吸収されることがわかっている．このため，尿細管での再吸収量のわずかな変化が尿への排出量に大きく影響する．

　尿細管の物質輸送は，ATPの分解エネルギーを利用する**能動輸送**と濃度勾配に従う**受動輸送**によって行われている．いずれの輸送にも細胞膜に存在する多種類の輸送体が関与しているのは本文でも述べた．能動輸送はNKA，H^+/K^+-ATPアーゼ（HKA），H^+-ATPアーゼなどにより行われる．受動輸送は**チャネル**と**担体輸送**により行われ，後者には**単輸送体**，**共輸送体**，**交換輸送体**が関わる．担体輸送体の多くは*slc*（solute carrier）遺伝子ファミリーに属し，SLC2はブドウ糖輸送体，SLC9はNHE，SLC14はUTである．さまざまなチャネルや輸送体が協調しながら総動員して働き，体液成分の恒常性が保たれているのである．

コラム 6.2
腎臓と後葉ホルモン研究の歴史

ホルモンと腎臓の関係性については古くから知られており，シェーファ（Edward A. Schäfer）とマグヌス（Rudolf Magnus）は，ネコ（*Felis silvestris catus*）に下垂体後葉の抽出物を注射すると多量の尿排泄が起こることを1901年に発見した．驚くべきことに当初は，強力な抗利尿作用をもつAVPが分泌される下垂体後葉から，血圧を上昇させて利尿に働く物質が分泌されると報告されたのである．また，当時は尿がどのように生成されるかについて諸説があった．糸球体や尿細管の尿が微小穿刺により採取・分析されて「糸球体で濾過された原尿は，尿細管内で再吸収と分泌によって調節されている」という考えに至ったのは，1920年代のことである．

1940〜1950年代には，尿細管に油滴を注入して仕切りをつくり，内液を採取分析する**ストップフロー法**によって，各分節の役割が徐々に明らかにされた．ウッシング（Hans H. Ussing）らはUssing装置（3章 図3.2参照）を開発し，単離した上皮組織を流れる電流によって生じる電位差を測定して，生体膜輸送研究を行った．当時は炎光光度計が，その後は原子吸光光度計や自動分析装置が発明され，イオンや血液ガスの化学分析が容易になった．ヘラー（Hans Heller）らは数種の哺乳類において，下垂体後葉抽出物が抗利尿作用を示すことを発見した．

1960年代末にバーグ（Maurice B. Burg）らは単一ネフロンの灌流法を開発した．これにより，各ネフロン分節におけるイオン輸送の方向性，能動・受動輸送，また輸送タンパク質や調節系などについての研究が進み，遠位尿細管や集合管におけるAVPやALDOの作用部位が明らかになった．

1990年代以降から現在まで，分子生物学的手法の発展により，PCRによるcDNAクローニングや*Xenopus*卵母細胞を用いた機能解析，遺伝子欠損動物，ゲノム情報を用いた研究などが行われ，ネフロンに存在する各種輸送体やチャネル，さらにホルモン受容体についての特徴づけ，分節における分布，生理的な役割と疾病などに関しての研究が進んでいる．

6章 腎臓

コラム 6.3
ホーマー・スミスの随筆 "From Fish to Philosopher" のすすめ

　ホーマー・スミス（Homer Smith）は腎臓の機能について研究し，体内環境の恒常性維持と脊椎動物の進化の面から考察している．随筆 "From Fish to Philosopher（1953）"（**図 6.9**）の中で，「海で誕生した脊索動物の祖先は，古生代初期に淡水へと移動して古代の魚類として繁栄した．その後，子孫は海あるいは陸上へと適応放散していった．この環境適応と進化の過程で腎臓は重要な役割を果たした」と述べている．脊椎動物の進化と腎臓機能の進化を関連付けた仮説は，カンブリア紀の甲冑魚，温暖多湿な石炭紀の両生類，乾燥した中生代ペルム（二畳）紀の爬虫類の環境適応などについて触れられており，脊椎動物の適応と進化への興味を誘っている．

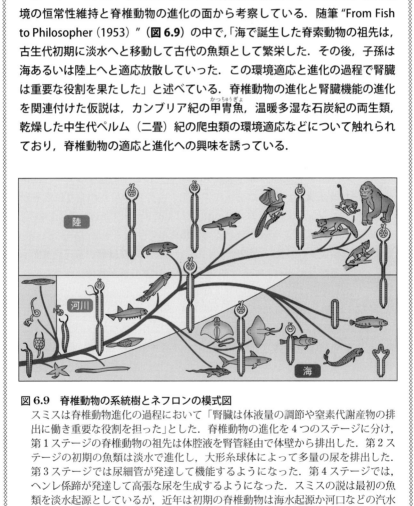

図 6.9　脊椎動物の系統樹とネフロンの模式図
　スミスは脊椎動物進化の過程において「腎臓は体液量の調節や窒素代謝産物の排出に働き重要な役割を担った」とした．脊椎動物の進化を 4 つのステージに分け，第 1 ステージの脊椎動物の祖先は体腔液を腎管経由で体壁から排出した．第 2 ステージの初期の魚類は淡水で進化し，大形糸球体によって多量の尿を排出した．第 3 ステージでは尿細管が発達して機能するようになった．第 4 ステージでは，ヘンレ係蹄が発達して高張な尿を生成するようになった．スミスの説は最初の魚類を淡水起源としているが，近年は初期の脊椎動物は海水起源か河口などの汽水環境起源の魚類と考える説が有力である．（引用文献 6-2 を参考に作図）

6章 参考書

Dantzler, W. H. (1989) "Comparative Physiology of the Vertebrate Kidney" Springer-Verlag, Berlin. Wiley Online Library：http://onlinelibrary.wiley.com/doi/10.1002/cphy.cp080111/full

Evans, D. H. (2008) "Osmotic and Ionic Regulation" CRC Press, Boca Raton.

ニールセン，K. S.（沼田英治・中嶋康裕 監訳）(2007)『動物生理学 原著第5版』9章 排出（梶村麻紀子 訳），東京大学出版会．

小川瑞穂 (1978)『腎の生物学』東京大学出版会．

6章 引用文献

6-1) 新池　保（1965）『脊椎動物発生学』久米又三 編，9章 排出系，培風館．

6-2) Smith, H. W. (1959) "From Fish to Philosopher" CIBA Pharmaceutical Products Inc. Online Library: https://archive.org/stream/fromfishtophilos00smit#page/n15/mode/2up

7. 皮　膚

鈴木雅一

　皮膚の働きはじつに多彩である．ヒトの組織学の専門書を開くと，保護機能，知覚機能，体温調節機能，代謝機能，性信号機能とまとめられているが，そもそも，からだの形を保つ役割もあるし，両生類などでは皮膚呼吸が行われ，カモフラージュにも重要である．また，鳥類では皮膚で羽毛が形成され，空を飛ぶことにも役立つ．このように皮膚の具体的な働きは他にいくつも思いつくであろう．ただ，多くの両生類が皮膚から水を吸収することは知っているだろうか．じつは両生類の皮膚研究の歴史は長く，近年新たな展開も見られる．本章では，水移動の観点から脊椎動物の皮膚について概説し，その後 両生類の皮膚に見られる水輸送のしくみやその多様性，進化について紹介する．

7.1　脊椎動物の皮膚と水輸送

　皮膚は体内で最大級の臓器であり，ヒトでは全体重の 15～20％を占める．脊椎動物では皮膚は**表皮**と**真皮**からなる．表皮は重層上皮であり，哺乳類では外側から角質層，淡明層，顆粒層，有棘層，基底層に分けられる．表皮には，黒色素をもつメラノサイト，免疫系の樹状細胞の一種であるランゲルハンス細胞，触覚に関与するメルケル細胞なども認められるが，大多数を占める主細胞は**角化細胞（ケラチノサイト）**である．一方，真皮は膠原（コラーゲン）繊維に富む結合組織であり，血管は表皮にはなく真皮に存在する．また，皮膚には，皮膚腺，毛，角，鱗，羽毛などの付属構造物も形成され，皮膚と併せて**外皮**と呼ばれる．これを広義に皮膚という場合もある．
　皮膚は物質移動の場にもなっており，水・電解質の調節とも密接に関係している．たとえば淡水生脊椎動物では，浸透圧差により周囲の水が皮膚を通り体内へ流入する．逆に，海生脊椎動物や陸上動物では，水は体外に移動し

て水分は失われる．ヒトでも汗とは別に毎日約 0.5 L の水が皮膚から蒸発して失われると見積もられている．

　陸環境では水は貴重であり，皮膚は水の消失を防いで体内の水分保持に役立つ．その際，哺乳類では表皮の角質層が重要な役割を果たしている．角質層は単に角化細胞が死んで積み重なったものではなく，そこでは角質細胞内のケラチン繊維，周辺帯（角質細胞の細胞膜がロリクリン（loricrin）・インボルクリン（involucrin）などのタンパク質により裏打ちされた構造物），および角質細胞間脂質が層をなし，水移動のバリアを形成している．さらに，顆粒層には細胞がタイトジャンクション（密着結合）により結合した層があり，物質の移動を防いでいる．顆粒層のタイトジャンクションは，オクルディン（occludin），クローディン 1（claudin-1），クローディン 4（claudin-4）などから形成されており，クローディン 1 の欠損マウスでは顆粒層のバリアだけでなく角質層も異常になるため，表皮からの水分蒸散量が増加して個体は生後 1 日以内に死亡する[7-1]．

　他の羊膜類の爬虫類と鳥類でも，構造に類似点があることから角質層が水の蒸散を防ぐのに重要とされている．爬虫類で見られる鱗（角鱗）や板状の構造（角板）は角質層が肥厚して形成されたもので，水分の保持にも有効に働き，鳥類では羽毛もまた水分の消失を防ぐ役割をしている．哺乳類では，ロリクリンなど周辺帯の形成に関わるタンパク質の遺伝子はゲノム上で表皮分化複合体と呼ばれるクラスターを形成しているが，爬虫類と鳥類のゲノムに相同な領域が認められることからも，角質層のバリア機能は爬虫類にまで遡ることができると考えられる[7-2]．

7.2　両生類の外皮

　両生類の皮膚は，体の保護や体温調節などの他に，呼吸や水吸収の機能をもつ．両生類の皮膚も表皮と真皮からなり，成体では表皮は角質層，顆粒層，有棘層，基底層から形成される（**図 7.1**）．表皮の最外層は魚類では生きた細胞から構成されており，両生類で初めて**角質化**する．ただし，角質化には種差があり，マッドパピー（*Necturus maculosus*）やホライモリ（*Proteus*

7章 皮 膚

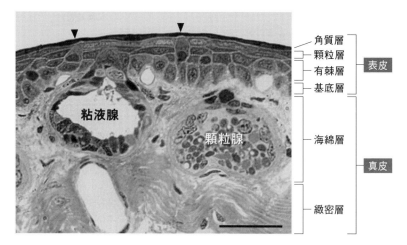

図 7.1　ニホンアマガエルの腹側皮膚
顆粒層の最外層は第1反応細胞層とも呼ばれ，水吸収に重要な働きをする．矢尻は表皮のミトコンドリアリッチ細胞を示す．スケールバーは 50 μm．（写真提供：田中滋康博士）

表 7.1　現生の両生類

平滑両生亜綱	7,505種
カエル目（無尾類）	6,617種
イモリ目（有尾類）	682種
アシナシイモリ目（無足類）	206種

Amphibiaweb (2016) による．

anguinus）などの幼形成熟する有尾類（**表 7.1**）では角質化しない．無尾類（**表 7.1**）では角質層は通常一層であり，その下の顆粒層には主細胞とともに，ミトコンドリアに富む細胞も存在する（**図 7.1**）．顆粒層，有棘層，基底層の主細胞はデスモソームにより結合するとともに，ギャップ結合により連絡しており，機能的なシンシチウム（合胞体）を形成している．また，メルケル細胞や神経繊維なども表皮に認められる．

真皮は上層の海綿層と下層の緻密層に分けられ，皮膚腺の分泌物を合成する終末部は海綿層にあり，緻密層は膠原繊維に富む（**図 7.1**）．また，無尾類の成体では，海綿層と緻密層の間にカルシウムと多糖に富むエーベルト—

カスチェンコ（Eberth-Kastschenko）層が認められる．真皮には血管や色素胞なども存在するが，ツノガエル属（*Ceratophrys*）など無尾類の一部では皮骨も形成される．また，無足類（**表 7.1**）では鱗も見られる．

7.3 両生類の皮膚における水移動

　両生類の成体の皮膚ではケラチンが少なく，角質層はきわめて薄い．この特徴は皮膚呼吸には役立つものの，水分の保持には適さず，両生類は陸上で速やかに水分を失う．それゆえ，樹上生のソバージュネコメガエル（*Phyllomedusa sauvagii*）など一部の無尾類は，皮膚腺から分泌される脂質を体に塗りつけて水分の蒸発を防いでいる．また，アナホリアマガエル（*Smilisca fodiens*）などは夏眠（かみん）時に，表皮細胞と分泌物の層状構造をもつ繭を体表に形成して水分の消失を防ぐ．

　無尾類の成体は，通常，口から水を飲まず，水分が不足すると**皮膚から水を吸収**する．つまり，カエルは水溜りがなくても地面が湿っていれば水を取り込めるのである．この無尾類の特性は，英国の自然科学者であり旅行家でもあったタウンソン（Robert Townson）により 1790 年代にすでに報告されている．無尾類の皮膚は下腹部や大腿部で水透過性が高く，多くの陸生種には**シートパッチ**（**腰部斑**）という特別な皮膚領域が認められる．この領域は皮膚全体の 10％程だが，アカボシヒキガエル（*Anaxyrus punctatus*）などでは皮膚全体から取り込まれる水量の約 70％がこの領域から吸収される．この水輸送の鍵を握るのは表皮の顆粒層の最外層（細胞はタイトジャンクションにより結合している）であり，水吸収能力のある皮膚領域ではこの最外層は第 1 反応細胞層と名づけられている（**図 7.1**）．一般的に上皮を介する水輸送には，細胞内を通る**経細胞経路**と細胞間を通る**細胞間隙経路**があり，水やイオンなどが細胞間隙経路を通りやすいリーキー上皮と通りにくいタイト上皮の存在が知られている．生理学的研究により，カエルの腹側皮膚はタイト上皮に属し，ホルモンにより水やイオンの輸送が調節されることが示された．このような性質は無尾類の膀胱でも認められたため，無尾類の皮膚は膀胱とともに，経上皮水輸送やイオン輸送を理解するためのモデル系として多

用された.

　研究の結果，抗利尿ホルモン（哺乳類ではバソプレシン（AVP）；鳥類・爬虫類・両生類ではバソトシン（AVT））やアドレナリン，ノルアドレナリンにより，無尾類の皮膚で水透過性と Na^+ 透過性が増加することが示された．また，AVTが前駆体からプロセッシングにより産生される際の中間産物に相当するハイドリン（hydrin）は水輸送を促し，アルドステロン（ALDO）やインスリン（INS）は Na^+ の輸送を促進した．皮膚における水輸送やイオン輸送は有尾類の一部でも認められ，抗利尿ホルモンにより増加するが，プロラクチン（PRL）により減少する．

7.4　水チャネル・アクアポリン

　水透過を担う分子を特定する研究も，無尾類の皮膚や膀胱を用いて行われた．フリーズフラクチャー電子顕微鏡法を用いて詳細に解析した結果，顆粒細胞の頂端側細胞膜や細胞内の管状小胞に認められる微小な顆粒状構造が水チャネルであると予想された．現在では，この水チャネルの実体が**アクアポリン**（aquaporin：AQP）であることがわかっている．

　AQPは内在性膜タンパク質の一種であり，AQPスーパーファミリーを形成している．また，このスーパーファミリーは**主要内在性タンパク質**（major intrinsic protein：MIP）スーパーファミリーとも呼ばれ，現在，細菌，古細菌，原生生物，植物など481種の生物で，合計1,507種類の分子が知られている．近年の報告によると，脊椎動物には17種類のAQP（AQP0〜AQP16）があり，それらは①**狭義AQP**（AQP0〜AQP2，AQP4〜6，AQP14，AQP15），②**アクアグリセロポリン**（AQP3，AQP7，AQP9，AQP10，AQP13），③**AQP8/16**，および④**アンオーソドックスAQP**（AQP11，AQP12）という4つのグループに分類される[7-3]．当初は，狭義AQPは水のみを透過させ，アクアグリセロポリンは水だけでなくグリセロールや尿素など電気的中性の低分子も通すとされたが，現在ではAQPを透過する物質として，Cl^- や I^- などの陰イオン，二酸化炭素やアンモニアなどの気体，砒素などのメタロイド，過酸化水素，さらには乳酸などのモノカルボン酸も知られており，今後も新

7.4 水チャネル・アクアポリン

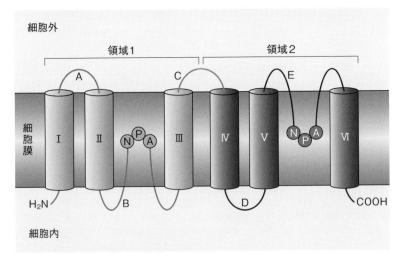

図 7.2　AQP の分子構造の模式図
　AQP は，6 回膜貫通型の内在性膜タンパク質であり，多くの場合 NPA ボックス（NPA モチーフ）が存在する．N 側半分（領域 1）と C 側半分（領域 2）の間には相同性が認められる．

たな透過物質が見いだされる可能性がある．
　AQP は，6 つの膜貫通領域（I〜VI）とそれらをつなぐ 5 つのループ（A〜E）からなり，N 末端領域および C 末端領域は細胞質側に位置する（**図 7.2**）．ループ B とループ E には，多くの場合 NPA（**アスパラギン-プロリン-アラニン**）ボックス（**NPA モチーフ**）が存在し，これが AQP の大きな特徴となっている（**図 7.2**, **図 7.3**）．生体内で AQP は四量体を形成するとされるが，水は個々の AQP 分子内の砂時計様の通路を通る（砂時計モデル）．水移動の駆動力は，脂質二重層により隔てられた溶液の浸透圧差であり，水分子は AQP 内を両方向に移動できる．
　AQP1 には水の通路に 2 つの選択フィルターが存在することが知られている．その 1 つは，特定の 4 個のアミノ酸残基（ヒト AQP1 の場合，N 末端から 56 番目のフェニルアラニン，180 番目のヒスチジン，189 番目のシステイン，195 番目のアルギニン）により形成される ar/R（芳香族 / アルギニン）制限領域である（**図 7.3**）．この領域の穴の直径は約 2.8 Å（オングスト

7章 皮膚

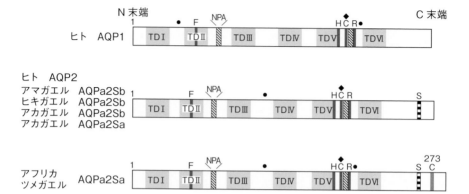

図 7.3 ヒトのAQPと両生類の皮膚型AQPa2（AQPa2SまたはAQP6vs）の比較
AQPa2Sにはa型とb型がある．AQP1，AQP2，およびAQPa2Sは狭義AQPに属し，6か所の膜貫通領域（TDI～VI），2つのNPAボックス（斜線部分），ar/R制限領域を形成するアミノ酸残基（■），および水銀感受性システイン（◆）が共通している．さらに，AQP2とAQPa2SのC末端領域では，プロテインキナーゼAによるリン酸化部位（横線部分）が保存されている．このセリン残基はAQP2の抗利尿ホルモン応答性に重要であることから，両生類のAQPa2でも同様の働きをすることが示唆される．その他，N型糖鎖結合部位（●）も予想された．A：アラニン，C：システイン，F：フェニルアラニン，H：ヒスチジン，N：アスパラギン，P：プロリン，R：アルギニン，S：セリン．

ローム）で最も狭く，水1分子（2.8Å）は通過できるが，それより大きい水和したイオンなどの溶質は透過できない．また，この領域は溶質の疎水性度に対する障壁にもなっている．2つ目のフィルターは，通路の中央部分に位置するNPA領域であり，2つのNPAボックスが密接に関係している．このNPA領域の穴の径も約3Åと狭く，水分子の選択的な透過に重要である．また，AQP1にはNPA領域を中心とした大きな静電気的バリアなどがあるため，水は移動できてもプロトンは通過できない．したがって，プロトンの濃度勾配や溶液のpHなどを乱すことなく，水移動が行われる．AQPの多くは水銀イオンにより水透過性が阻害されるが，その原因として，ar/R制限領域の形成に関わるシステイン残基（**図 7.3**）のスルフヒドリル基（SH基）に水銀が結合して水の通路を直接塞ぐことや，ar/R制限領域の構造が変化することにより水分子が通過できなくなることが指摘されている．

AQPのなかには，抗利尿ホルモンの作用により細胞内での分布が変化して，水輸送の調節に働くものがある．無尾類の皮膚で発現するAQPもそのタイプなのだが，最初に同定されたのは哺乳類のAQP2である．AQP2は腎臓の集合管主細胞で発現し，AVPに応答して頂端側細胞膜に移動し，水再吸収を引き起こす．*AQP2*遺伝子の異常により尿崩症が発症することは，この分子の重要性を示している．

7.5 両生類における水吸収機構

比較ゲノム解析により，無尾両生類のネッタイツメガエル（*Xenopus tropicalis*）から16種類のAQPが見いだされ，AQP0～14, 16と名づけられた[7-3]．腹側皮膚からの水吸収にとくに重要なのはAQPa2（AQP6）である（図7.3）．なお，このAQPについては，無尾類（anurans）特異的AQPの1つとしてAQPa2とする案とAQP6とする説がある．

AQPa2は幼生では発現せず，変態の過程で幼生の皮膚が成体の皮膚に置き換わると，腹側皮膚の第1反応細胞層（図7.1）の主細胞で発現するようになる．ニホンアマガエル（*Hyla japonica*）では，AQPa2は成体が水に浸っているときには細胞質や側底側細胞膜に局在するが，抗利尿ホルモンのAVTが作用すると頂端側細胞膜に移動する（図7.4）．AQPa2の移動には細胞内のcAMP/プロテインキナーゼA経路が関与しており，AVTがV2受容体に結合することにより，この経路が活性化する．そして，プロテインキナーゼAにより細胞内小胞の膜にあるAQPa2がリン酸化されて，頂端膜へ移動すると考えられる．また，側底膜にあるAQPa2はトランスサイトーシスにより頂端膜へ移動している可能性がある．一方，第1反応細胞層主細胞の側底膜には，AVT刺激のある・なしに関わらずAQP3が常に存在している．したがって，AVTの作用により第1反応細胞層の主細胞でAQPa2とAQP3による水の通路が完成して，浸透圧の高い体内へ周囲の水が流入する．

AQPa2の頂端膜への移動は，アドレナリンβ受容体作動薬であるイソプロテレノールやハイドリンを作用させても惹起される．したがって，アドレナリンやノルアドレナリン，ハイドリンによる水吸収の促進も，AQPa2を

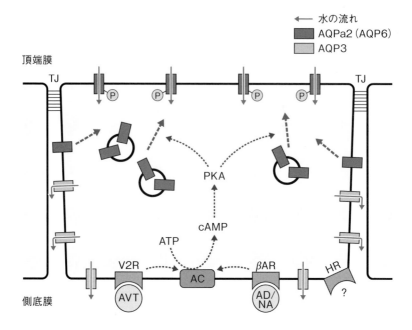

図 7.4 表皮顆粒層の最外層(第1反応細胞層)主細胞における水移動モデル
V2 受容体(V2R)は G タンパク質共役受容体の一種であり,AVT が結合するとGsを介してアデニル酸シクラーゼ(AC)が活性化され,細胞内の cAMP が増加する.これによりプロテインキナーゼ A (PKA)が活性化され,AQPa2 (AQP6)の C 末端領域のセリン残基(図7.3)がリン酸化される(Ⓟ).そして,AQPa2 が頂端側細胞膜へ移動して,水分子が細胞内へ流入する.また,アドレナリン(AD)やノルアドレナリン(NA)はβ受容体(βAR)を介して cAMP/PKA 経路を活性化し,頂端膜への AQPa2 の移動を促す.その他,ハイドリン受容体(HR)の存在も指摘されている.TJ:タイトジャンクション.

介して行われると考えられる.なお,アドレナリンやノルアドレナリンには循環系に作用して真皮の血流を増加させる働きもある.この働きにより,吸水時でも腹側皮膚の浸透圧が保たれて水の流入が持続する.

7.6 水吸収機構の多様性

無尾類は現生両生類全体の約 88% を占める最大のグループであり(表7.1),淡水域,汽水域,水辺,森林,砂漠など多様な環境に適応放散してい

る．生息域の異なる無尾類について腹側皮膚からの水吸収機構を調べてみると，生息環境や種によりAQPa2のタイプや発現する領域が異なることがわかってきた．

AQPa2は腹側皮膚に発現するAQPa2S（AQP6vs；図7.3）とおもに膀胱で発現するAQPa2U（AQP6ub）に分けられるが，樹上種のニホンアマガエルではその双方が水吸収の盛んな下腹部と大腿部で発現していた．そして，双方ともAVTに応答して頂端膜へと移動した．陸地に進出した陸上種のオオヒキガエル（*Rhinella marina*）やアズマヒキガエル（*Bufo japonicus formosus*）などでもAQPa2SとAQPa2Uが観察された．オオヒキガエルでは，AVTにより胸部，腹部，大腿部で水透過性が増加する傾向が認められ，それに対応するようにAQPa2SとAQPa2Uは腹側の広い領域で発現していた．しかも，各AQPは胸部，腹部，大腿部いずれの領域でもAVTにより細胞質から頂端膜へ移動した．これに対して，砂漠地域に生息するアカボシヒキガエルでは，AQPa2SとAQPa2Uは常に頂端膜に局在していた．

一方，水辺に生息する半水生種のウシガエル（*Rana catesbeiana*，または*Lithobates catesbeianus*），トノサマガエル（*Pelophylax nigromaculatus*），ニホンアカガエル（*Rana japonica*）では，AQPa2Uは検出されず，2種類のAQPa2S（a型とb型：AQP6vs1とAQP6vs2）が見いだされた（図7.3）．ニホンアカガエルではとくに大腿部でAVTによる水透過性の亢進が認められたが，a型とb型はこの領域で高発現し，AVTに対する応答性を示した．

上記のカエルと異なり，水中に生息する水生種のアフリカツメガエル（*Xenopus laevis*）やネッタイツメガエルでは，周囲の水が体内に入り込み過ぎないように皮膚の水透過性を低く保つ必要があり，AVTへの応答性も見られない．アフリカツメガエルでは，AQPa2S mRNAは胸部，腹部，大腿部でわずかに発現するものの，タンパク質は検出できなかった．また，アフリカツメガエルのAQPa2Sのアミノ酸配列は，他のAQPa2SよりもC末端が約10アミノ酸残基長くなっていた（図7.3）．興味深いことに，この末端部分を他のAQPのC末端に付加すると，そのAQPのタンパク質は検出されなくなった．アミノ酸を置換して解析を進めてみると，末端部分に位置する

7章 皮 膚

273番目のシステイン残基（図7.3），あるいはこのアミノ酸をコードするmRNA上の領域が，タンパク質合成の阻害に関与することが示唆された．

以上のように，AQPa2の発現パターンの違いは無尾類の環境適応能力と密接に関連しており，AQPa2が無尾類の適応放散に重要な役割を果たしてきたことがうかがえる．

7.7 皮膚での水吸収機構の起源と進化様式

哺乳類の腎臓の集合管には，抗利尿ホルモンにより水再吸収が引き起こされる分子機構が備わっており，頂端側でAQP2，側底膜でAQP3とAQP4が機能する．ウズラ（*Coturnix japonica*）やアマガエルの腎臓の集合管でも頂端側にAQP2が検出されており，肺魚では夏眠時にAQP0p（コラム7.1参照）が遠位尿細管後部の頂端側に現れる．これらの知見などから，抗利尿ホルモンによるAQP2の調節機構は肺魚の系統と四肢動物への系統が分岐する前にその原型が腎臓で誕生し，その後，両生類で確立されたと想定される．

そして，現存の無尾両生類（平滑両生亜綱）への系統では，腎臓での分子機構が重複して腹側皮膚でも機能するようになったと考えられる．この際，腹側皮膚では，腎臓と同じAQP3が側底膜のAQPとして使われたが，頂端側のAQPについては，AQP2からAQPa2に置き換わった．この理由は明確ではないが，いくつか考察してみる．AQPの組織分布を見ると，AQP2はおもに腎臓で発現し，AQPa2Sは腹側皮膚にのみ発現するが，腎臓と腹側皮膚に発現するAQP3はその他のいろいろな組織にも認められる．したがって，腹側皮膚でAQPa2が使われている理由の1つとして，進化の過程では，AQP2の発現を腎臓と腹側皮膚に限定することが困難であったためと推察できる．そして，これには腎臓と腹側皮膚の発生機構の違いが関係している可能性がある．また，腎臓でのAQP2による水の再吸収は脱水時に行われるが，腹側皮膚からの水吸収は個体が水に接したときに行われる．このようにAQPの働く際の状況が異なる点も，異なるAQPが使われている理由と関係しているのかもしれない．

腹側皮膚についてさらに見ていこう．無尾類ではこれまでに2種類の

7.7 皮膚での水吸収機構の起源と進化様式

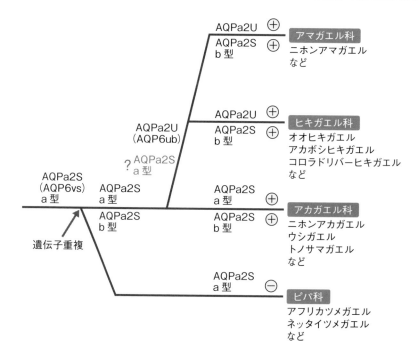

図 7.5 AQPa2（AQP6）の分子進化と無尾類の腹側皮膚における発現様式
プラスとマイナスの記号は，タンパク質の発現のある・なしを示す．ヒキガエル科とアマガエル科の種では，現在のところ AQPa2S は b 型しか報告されていないが，a 型も存在する可能性がある．

AQPa2S（a 型と b 型）が見いだされているが，水生種のネッタイツメガエルではゲノム中に a 型遺伝子のみが存在する．ツメガエルは無尾類のなかで初期に分岐したので，最初に誕生した AQPa2S は a 型の可能性がある（図7.5）．その後，アカガエル上科（Ranoidea）が分岐する前に，*aqpa2s* 遺伝子が重複して b 型が誕生した結果，アカガエル科（Ranidae）に属する半水生種では a 型と b 型の 2 種類が発現して，おもに大腿部で水吸収が行われるようになったと考えられる．一方，ヒキガエル科（Bufonidae）とアマガエル科（Hylidae）では，共通の祖先種がより乾燥した環境に進出する過程で，AQPa2S に加えて AQPa2U も腹側皮膚で発現するようになり，双方の AQP

7章 皮膚

を介して水吸収が行われるようになったと推察される（図 7.5）．

　以上が現時点で考えられる皮膚での水吸収機構の進化のシナリオである．ただし，両生類のゲノムサイズには $9.3 \times 10^8 \sim 1.2 \times 10^{11}$ 塩基対という大きな幅があり，ゲノムの重複も示唆されていることから，実際には AQPa2 にはより多くのバリエーションがあり，進化の様相もより複雑であると予想される．

コラム 7.1
AVT 応答性 *aqp* 遺伝子の分子進化

　ネッタイツメガエルのゲノムでは，2 種類の *aqpa2*（*aqp6*）遺伝子は，Fas アポトーシス抑制分子 2（*faim2*）遺伝子と Rac GTP アーゼ活性化タンパク質 1（*racgap1*）遺伝子の間に位置し，*aqp5* 遺伝子とクラスターを形成している．また，ヒトなどの哺乳類のゲノムでは，*FAIM2* 遺伝子と *RACGAP1* 遺伝子の間に，*AQP2*, *AQP5*, *AQP6* の遺伝子が認められる．AQP2 は腎臓に発現して抗利尿ホルモンに応答する AQP である．AQP2 はネッタイツメガエルにはないがアマガエルには存在するので，AQPa2 と AQP2 を併せもつ種では，相同な領域に *aqpa2*, *aqp2*, *aqp5* の遺伝子がクラスターを形成している可能性がある．AQPa2, AQP2, AQP5, AQP6 は，遺伝子のエキソンとイントロンの構成が同じでアミノ酸配列の類似性も高い．したがって，共通の祖先遺伝子が局所的な重複をして生じたと考えられる．
　魚類のゲノム情報を調べてみると，メダカやゼブラフィッシュなどの条鰭類では *faim2* と *racgap1* の遺伝子座が分離しており，*aqpa2*, *aqp2*, *aqp5*, *aqp6* の遺伝子も認められない．しかし，総鰭類のシーラカンスには相同な領域があり，そこには *aqpa2*, *aqp2*, *aqp5*, *aqp6* に類似した AQP の遺伝子が 3 つ存在する．また，眼の水晶体（レンズ）で機能する AQP0 も分子系統学上 AQPa2, AQP2, AQP5, AQP6 に近いのだが，肺魚類のプロトプテルスでは地中で夏眠する際に腎臓で AQP0 のパラログ（AQP0p）が発現する[7-4]．したがって，シーラカンスやプロトプテルスの *aqp* 遺伝子のホモログあるいはオルソログが遺伝子重複を起こしながら分化し，両生類で AQPa2（AQP6），AQP2，ならびに AQP5 が誕生したと考えられる．

コラム 7.2
両生類の減少とツボカビ

　両生類は世界的に減少しており，国際自然保護連合（IUCN）レッドリスト 2015 では両生類全体の 41％が絶滅危惧種に指定されている．また，両生類の近年の絶滅率は過去の数値より約 200 倍大きいとの試算もあり，事態は深刻である．近年，生物多様性の保全が叫ばれ，世界多様性条約第 10 回締約国会議（COP10）で採択された戦略計画 2011-2020 に基づく取り組みが世界的に行われているので期待したい．両生類の減少を引き起こしている原因として，気候変化，土地利用の変化，感染症，商業的使用，外来種による影響，化学物質による汚染などが指摘されているが，ここでは感染症のなかでもとくに問題視されているツボカビ症を取り上げる．

　ツボカビ症は 1990 年代後半に発見された新興感染症であり，病原体はツボカビ（真菌類）である．その一種である *Batrachochytrium dendrobatidis* はすでに世界の広範囲に拡散しており，両生類の約 42％の種が感染している[7-5]．種による感受性の違いや個体差もあり，感染した個体すべてが死に至る訳ではないが，オーストラリア，ヨーロッパ，ラテンアメリカ，および米国では深刻な被害が確認されている．

　無尾類の成体ではツボカビはおもに腹部や指の皮膚に感染する．ツボカビはまず遊走子として皮膚の表面に付着し，その後，鞭毛が吸収されて細胞壁が形成され球状のシストとなる．そして，シストは発芽管を伸ばして表皮細胞内へ侵入する．シストはそこで葉状体となり，さらに仮根様の突起を伸ばして感染を進めていく．やがて，葉状体は成熟して壺型の遊走子嚢を形成し，そこから遊走子が放出されて感染が広がっていく．そして，腹部の皮膚では浸透圧調節機能が破壊されて体内の電解質が枯渇し，動物は死に至ると考えられている．

　病態生理学的研究では，皮膚でのイオン輸送や血中イオン濃度の変化が注目されており，イエアメガエル（*Litoria caerulea*）を用いた室内の実験では，感染後期に腹部皮膚で Na^+ の吸収が阻害され，血中の Na^+，K^+，Cl^- が減少することが示された．また，自然環境下での感染個体についても血中の Na^+ と Cl^- の減少が報告されている．その一方で，水移動への影響に関する

> 詳細な解析は行われていない．無尾類の腹側皮膚は水吸収にも重要なので，AQP や水輸送に与える影響についても明らかにすることがツボカビ症を理解する上で不可欠である．

7 章 参考書

Amphibiaweb (2016) http://amphibiaweb.org/.

Beitz, E., ed. (2010) "Aquaporins; Handbook of Experimental Pharmacology 190" Springer, Berlin.

Bentley, P. J. (2002) "Endocrines and Osmoregulation: A Comparative Account in Vertebrates" Springer, Berlin.

Duellman, W. E., Trueb, L. (1994) "Biology of Amphibians" Johns Hopkins Univ. Press, Baltimore.

Finkelstein, A. (1987) "Water Movement through Lipid Bilayers, Pores, and Plasma Membranes: Theory and Reality" Wiley, New York.

Heatwole, H., Barthalmus, G. T., eds. (1994) "Amphibian Biology: The Integument" Vol.1, Surrey Beatty & Sons, Chipping Norton.

Hillman, S. S. *et al.* (2009) "Ecological and Environmental Physiology of Amphibians" Oxford Univ. Press, New York.

環境省（2016）『生物多様性』http://www.biodic.go.jp/biodiversity/index.html.

Kardong, K. V. (2015) "Vertebrates: Comparative Anatomy, Function, Evolution" McGraw-Hill, New York.

国際自然保護連合（2016）http://www.iucn.jp/.

黒木俊郎・宇根有美（2007）モダンメディア，**53**: 67-72.
　http://www.eiken.co.jp/modern_media/backnumber/pdf/MM0703-02.pdf

Mescher, A. L.（坂井建雄・川上速人 監訳）(2015)『ジュンケイラ組織学』丸善出版．

佐々木 成・石橋賢一 編（2008）『からだと水の事典』朝倉書店．

清水 宏（2011）『あたらしい皮膚科学』中山書店.

Vitt, L. J., Caldwell, J. P. (2014) "Herpetology" Academic Press, San Diego.

7章 引用文献

7-1) Sugawara, T. *et al.* (2013) J. Dermatol. Sci., **70**: 12-18.

7-2) Strasser, B. V. *et al.* (2014) Mol. Biol. Evol., **31**: 3194-3205.

7-3) Finn, R. N. *et al.* (2014) PLoS One, **9**: e113686.

7-4) Konno, N. *et al.* (2010) Endocrinology, **151**: 1089-1096.

7-5) Olson, D. H. *et al.* (2013) PLoS One, **8**: e56802.

http://www.bd-maps.net/.

第 3 部　ホメオスタシスとホルモン

　生物が生命活動を維持するためには，外部環境から独立した体内環境を一定の状態に保つ必要がある．そのためには，器官や組織，細胞を浸している体液の状態，すなわち水や細胞外液の主成分であるナトリウム，細胞活動や体の支持体として重要なカルシウム，細胞活動のエネルギー源となるグルコース量は適切にコントロールされている必要がある．また閉鎖血管系の動物では体液水分量が変化すると血圧に影響が出る．そのため，体液水分量の調節と血圧調節は密接に関係している．さらに，生命活動に関わる多くの酵素が効率よく働くためには体温を至適な状態に保たねばならない．これらの調節には神経や内分泌細胞から発せられる「神経伝達物質」や「ホルモン」が効果器に情報を伝達する担い手として重要である．すなわち，ホルモンが内分泌細胞で産生・分泌され，循環系によって身体中を巡り，受容体が存在する細胞においてその効果が発揮される．

　第 3 部では，水と電解質代謝，カルシウム代謝，血圧調節，血糖調節，体温調節のホルモンによる制御について解説する．各ホルモンは多様な機能を担っているが，多くの場合，複数のホルモンが互いに協働して，あるいは拮抗して 1 つの事象の調節に関わっている．生体の恒常性を保つために数多くのホルモンが単独あるいは複合的に働いていることを学んで欲しい．

8. 水・電解質代謝とホルモン

御輿真穂・坂本竜哉

　生物にとって生存に欠かせない水と電解質．これらは体内でどのように代謝されているのだろうか．本章では，水と電解質のバランスを調節するホルモンの作用を解説する．また，近年，硬骨魚類や無脊椎動物での解析により，体液調節ホルモンが中枢神経系でも重要な役割を果たすことがわかってきた．さらに，ゲノム解析から明らかになりつつあるホルモンファミリーの起源や進化についても述べる．

8.1　体液調節ホルモンの役割

　細胞が正常に活動するために必要な電解質のバランスは，どの生物でもほぼ同じである．とくに重要となるのは陽イオン濃度で，おもな細胞内陽イオンであるカリウムイオン（K^+）は約 150 mM，おもな細胞外液の陽イオンであるナトリウムイオン（Na^+）は約 135 mM という一定の濃度に保たれている．おもな細胞外液の陰イオンは塩化物イオン（Cl^-）であるが，Cl^- はほとんど Na^+ と挙動をともにする．陸上の脊椎動物の体に含まれる水分は体重の約 70％ であり，そのうち細胞内液は約 3 分の 2 を占め，細胞外液（間質液および血漿）が残る 3 分の 1 で体重の約 20％ を占める．無顎類や軟骨魚類を除くほとんどの脊椎動物において，細胞外液の浸透圧は電解質を主要成分とする**オスモライト**（osmolyte）によって 275〜290 ミリオスモル（$mOsm/kg\ H_2O$）に調節されている．こうした体液の水分量や電解質濃度，浸透圧の恒常性はさまざまなホルモンによって調節されており，**レニン・アンギオテンシン・アルドステロン系**（RAAS）と抗利尿ホルモンの**バソプレシン**（AVP）は体液調節ホルモンの代表例である．

　まず RAAS について述べる．出血や脱水などにより体液量（血液量）が減少すると，腎臓の傍糸球体装置からレニンという酵素が放出され，肝臓から

放出されるアンギオテンシノーゲンというタンパク質を切断する．切断されたアンギオテンシノーゲンからアンギオテンシン I（Ang I）が産生され，さらにアンギオテンシン変換酵素（ACE）の働きを受けてアンギオテンシン II（Ang II）となる．Ang II は血管平滑筋を収縮させて血圧を上げるとともに，中枢神経系に作用して飲水行動を誘発し，副腎におけるアルドステロン（ALDO）の合成と分泌を促進する．ミネラルコルチコイドである ALDO は腎臓の尿細管において Na^+ の再吸収を促す．また Ang II は，下垂体後葉から AVP の分泌を促進する．AVP は腎臓の集合管に作用し，水輸送チャネルである AQP2 を管腔側の細胞膜に移動させる．これにより集合管での水の透過性が高まり，水の再吸収が促進される．このように複数のホルモン系が協働して機能することにより，血液量が回復する（図 8.1）．一方，血液量が増加した場合には，ナトリウム利尿ペプチド（NP）の増加により，血圧が低下し，ALDO と AVP の放出が抑制される．

これらの例からもわかるように，閉鎖血管系をもつ脊椎動物では，体液は血管を通じて体内を循環するため，細胞外液の水・電解質調節は血圧などの循環調節と協働している．このため，体液調節に関わるホルモンには，循環

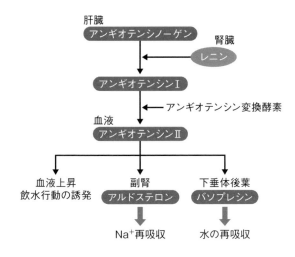

図 8.1　レニン・アンギオテンシン・アルドステロン系の概略

調節作用を併せもつものが多い．

　硬骨魚類の体液調節ホルモンとしては，プロラクチン（PRL）が挙げられる．PRLは哺乳類ではおもに乳腺の分化や乳汁合成に関わるが，硬骨魚類においては淡水に適応するためのホルモンとして働く．本巻2章や5章で解説されているように，淡水中で魚は浸透圧差によって電解質を失うが，PRLは腎臓や膀胱からの電解質の吸収を促進し，さらに鰓からの流出も抑制している[8-1]．水に対しては，腎臓での濾過量を増やして尿量を増加させ，腸管での水分の吸収を抑制する．

8.2　魚類におけるミネラルコルチコイドの役割は？

　四肢動物の副腎皮質ホルモン系は，糖質代謝に関わる**グルココルチコイド**と，水と電解質代謝を調整する**ミネラルコルチコイド**に分化している．従来，魚類はALDOが存在しないためにミネラルコルチコイドが存在しないとされていたが，近年ミネラルコルチコイド受容体（MR）とその内因性リガンドである11-deoxycorticosterone（DOC）が同定された．しかし，海水適応に加え，淡水適応のための鰓や消化管などの体液調節器官の機能制御には，ミネラルコルチコイドではなく，やはりグルココルチコイドの1つであるコルチゾルと，それに関わるグルココルチコイド受容体（GR）が重要であることが明らかになってきた[8-2]．では，魚類のミネラルコルチコイドの役割は何なのだろう．電解質を調節しているのだろうか？

　魚類のGRは，神経系，鰓や腸などの体液調節器官，生殖器官で一様に存在する一方，MRは体液調節器官ではない脳や眼といった神経系にきわめて多く存在する．メダカ（*Oryzias latipes*）の発生過程を見ても，まず網膜，次いで脳で遺伝子発現が誘導される．このことは魚類のミネラルコルチコイドが体液調節には関わっていないことを示唆する．成魚の脳においてMRは，記憶や情動行動に関わる海馬に相当する終脳背側野外側部，ストレス応答に重要な視索前野－視床下部－下垂体系に存在する．とくに，視運動に関係する視蓋や縦隆起，小脳での局在が顕著である（**図8.2**）．神経系のこれらの領域におけるMRの局在は哺乳類や鳥類でも報告されており，ミネラルコ

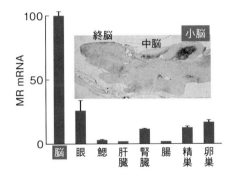

図8.2 メダカのミネラルコルチコイド受容体の発現パターン
脳,とくに小脳での遺伝子発現が顕著である.カラムは平均値,バーは標準誤差($n = 7$).

ルチコイドの脊椎動物における普遍的な機能を反映していることを想像させる.しかし,哺乳類において Mr 遺伝子をノックアウトしてしまうと腎障害で致死となり,生命維持に重要ではあるが,その機能の検討が困難であった[8-3].

近年,メダカなどの魚類でもゲノム編集が可能となった.そこで,人工ヌクレアーゼ(TALEN)を利用して mr 遺伝子をノックアウトしたメダカ($mr^{-/-}$メダカ)を作出して調べてみると,哺乳類のように発生段階で致死とはならず,ノックアウトの影響は外部形態や摂餌などには認められなかった.体液調節能についても,淡水中と海水適応過程において,野生型(対照魚)と $mr^{-/-}$ メダカに明らかな差は認められなかった.このことは,MRは魚類,少なくともメダカの体液調節には必須の因子でないことを示す.MRの体液調節作用は,進化の過程で四肢動物においてのみ獲得されたものなのかもしれない(図8.3).

それでは,ミネラルコルチコイドの本質的な役割とはどのようなものなのだろうか.水槽に接したモニターでオブジェクトを動かした際のメダカの行動を解析するシステムを用いて,$mr^{-/-}$ メダカの視運動への影響を検討してみると,通常の遊泳(運動量)には野生型と $mr^{-/-}$ メダカで顕著な差はないが,動くオブジェクトが現れると,野生型はオブジェクトをよく見て追従行動を示すのに対し,$mr^{-/-}$ メダカはオブジェクトに集中できず速いスピードで泳ぎ回った.このときの $mr^{-/-}$ メダカの運動量は,野生型やオブジェクト提示前に対して明らかに増加した.つまり,$mr^{-/-}$ メダカは動くオブジェクトを認識しているものの追従できず,無駄な行動が多いのである.

8章　水・電解質代謝とホルモン

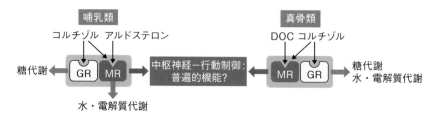

図 8.3　最新の副腎皮質ホルモン系
魚類のミネラルコルチコイド受容体（MR）は，体液調節よりはむしろ中枢神経系において重要な働きをしている．脊椎動物を通して普遍的なこの中枢作用こそがMRの本来の機能，ひいてはMRを祖先とするステロイドホルモン受容体ファミリーの機能的原点である可能性がある．体液調節や配偶子形成における機能は，進化の過程で獲得されたのかもしれない．DOC（11-デオキシコルチコステロン）は，アルドステロンをもたない魚類のMRに特異的な内因性リガンドである．

このことは，MRが視運動の制御に関与していることを示している．

　これは一例ではあるが，MRの中枢機能は，脊椎動物全般を通じてみられる機能の可能性がある．全身のMRを機能喪失した動物が魚類ではじめて作出できたことで，未知であったミネラルコルチコイドの作用の本質が1つ解き明かされたと言えよう．今後，このメダカを用いることで，不明な点の多い記憶や情動行動など副腎皮質ホルモン系の中枢機能の解明が期待される．MRは，副腎皮質ホルモン・プロゲステロン・アンドロゲン受容体からなる核内受容体サブファミリーの原型とされている（**図 8.4**）[8-4]．MRの中枢作用から，このファミリーの機能の原点が解明されるかもしれない．

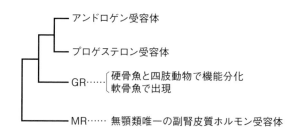

図 8.4　ステロイドホルモン受容体サブファミリーの進化

8.3 動物界に普遍的な体液調節ホルモン：バソプレシン/オキシトシン族

体液浸透圧適応について，海生無脊椎動物のほとんどは「浸透圧順応型」であるが，ある節足動物は体液の浸透圧やイオン濃度が調節できる「浸透圧調節型」であることが明らかになってきている．

下垂体後葉（神経葉）ホルモンは，哺乳類などの脊椎動物では**バソプレシン族**が体液調節に，**オキシトシン族**が生殖行動に重要とされている．哺乳類におけるAVPの体液調節機序については8.1節で述べた．これらの相同体（ホモログ：homologue）は前口動物でも見つかっており，それらの体液調節関連作用が，尾索動物の他，脱皮動物の節足動物門でも認められる．

前口動物のもう1つのグループ，冠輪（かんりん）動物のうち，軟体動物門で広塩性である頭足類のイイダコ（*Octopus ocellatus*）で，神経葉ホルモンのホモログ，**セファロトシン**と**オクトプレシン**の作用が確認されている．このタコは塩濃度が変動する沿岸に生息するが，海水から汽水に移すと，鰓のNa^+/K^+-ATPアーゼの活性化，尿の塩濃度の変化などにより，体液を環境塩濃度よりも高張に調節する．オクトプレシンの投与は，イイダコの尿の塩濃度や体液浸透圧を変化させるが，セファロトシンにはその効果は見られていない．

これらのことは，動物界全体における神経葉ホルモンファミリーの基本的な作用が体液調節であることをうかがわせるが[8-5]，生殖行動に対する作用も線形動物で報告され，注目されはじめている[8-6]．

ホルモンの普遍的な作用や，その起源を知るにはどうすればよいだろうか．1つの方法は，現存する古い形質を残した動物においてそのホルモンを解析することが手がかりとなることがある．これについては**コラム8.1**に一例を記したので参照されたい．

コラム 8.1
扁形動物を用いて内分泌系の起源を探る

扁形動物は後口動物と前口動物の分岐点に位置し，より動物の起源に近い

8章 水・電解質代謝とホルモン

性質を残していると考えられる．この動物でさまざまなホルモンの存在と機能を明らかにすることで，その起源に迫るアプローチがなされている．

本文中で述べた神経葉ホルモンを例に見てみよう．広塩性のイイジマヒラムシ（*Stylochus ijimai*），ウスヒラムシ（*Notoplana humilis*），カイヤドリヒラムシ（*Stylochoplana pusilla*）において，RNA-seq，質量分析装置（MALDI-TOF/MS）を用いた解析により，神経葉ホルモンやその受容体のホモログが発見された．このホルモンは脳神経節ニューロンの分泌顆粒中に観察されたことから，このホルモン―受容体系は神経葉ホルモン族の原型である可能性がある（**図 8.5**）．広塩性のヒラムシにおいて，変動する塩分への適応におけるこの系の役割はまだ解明されていないが，その存在はきわめて興味深い．後生動物で最も原始的な浸透圧調節器官とされる**原腎管**に対して機能しているのか？　あるいは，行動による適所への移動という形で浸透圧調節[8-16]に関わっているのだろうか？

扁形動物には，神経葉ホルモンのほかにも種々のホルモン―受容体系が存在することが発見されつつある．一般的にホルモンとは「血液中を流れて標的器官で作用する物質」のことを示すが，扁形動物には血管系は存在しない．つまり，動物は進化の過程において，血管系の獲得より以前にホルモン―受容体系という情報伝達のしくみを確立させている．扁形動物は，各ホルモン系の起源を探るだけでなく，神経内分泌からの情報伝達のしくみの進化を知る上で，また生体制御機構の進化を考える上で恰好の材料である．

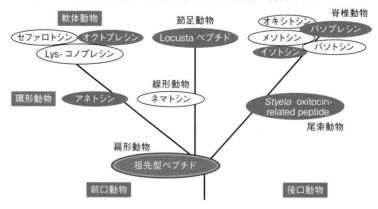

図 8.5　神経葉ホルモンファミリーの進化
　　白抜きで示した物質は浸透圧適応への関与が報告されている．

8.4 動物の進化と水・電解質代謝ホルモンの作用の進化

 動物の進化において最も大きな変化の1つは，水中生活から陸上生活へと生態が変わったものがいたことだろう．海で生まれた生命は，陸上へ進出する前に一度淡水で生活したと考えられている．現在，海生種が多い真骨類も，進化の歴史において淡水で生活した時期があるとされる．その後，淡水種を除いて海または陸上へ進出した動物は，いずれも「脱水」に対抗する水代謝のしくみを獲得した．

 しかし，その水と電解質（おもに塩類）の調節方向が，海水中と陸上では異なっている．海生の真骨類は体液よりも海水の浸透圧が高いため，水が失われる反面，塩類の受動的な流入にさらされる（2章参照）．それに対し，陸上生物は水と塩類は基本的に同方向に調節され，水を失うと同時に塩類も失う．このように，動物や生息域によって体液調節のしくみは異なるが，その調節に関わるホルモンは脊椎動物を通してほぼ共通している．しかしながら，示す作用が動物によって異なるホルモンの例として**ナトリウム利尿ペプチド（NP）ファミリー**が挙げられる．

 NPファミリーはANP，BNP，CNP，VNPからなり，ANP（心房性ナトリウム利尿ペプチド）は，哺乳類において血液量が増大して心房が拡張すると放出される体液調節ホルモンである．哺乳類において，ANPはNa^+と水の排出を同時に促進し，ALDOの分泌を阻害して血液量を減らすように働く．これに対し，真骨類のニホンウナギ（*Anguilla japonica*）で，ANPは主として血漿浸透圧の上昇により分泌され，腸において水とNa^+の吸収を阻害する．腎臓では哺乳類とは逆に抗利尿作用を示すが，尿中のNa^+濃度は増加させる．つまり，収支として，Na^+の体内への取り込みを抑制するとともに，体外に積極的に排出する．このことはANPが塩類が多い海水への適応を促すホルモンであることを示す[8-7]．同様に，無顎類であるヌタウナギの一種 *Eptatretus cirrhatus* では，ANPの投与によって鰓でのNa^+排出が促進される[8-8]．動物の進化過程とホルモンの作用を考え合わせると，ANPは本来，水ではなくNa^+を調節するホルモンであったが，陸上へ進出した四肢動物

8章 水・電解質代謝とホルモン

では水とNa^+が同方向に調節されることから,水代謝にも関わるようになったと考えられる.

このように,動物が水とオスモライトを区別して調節するシステムをもつかどうかによって,相同なホルモンであるにもかかわらず作用が違って見える場合がある.軟骨魚類や一部の両生類ではオスモライトとして尿素を蓄える調節系を発達させている(2章,3章参照).NPやAng IIがこの調節に関与することが示唆されているが[8,9],軟骨魚類におけるホルモンによる体液調節機構の詳細はまだ明らかになっていない.尿素輸送体(UT)などの解析が進みつつあり,今後の研究によって新たな体液調節ホルモンが同定される可能性もある.

また近年,**ゲノム情報**の解読および解析により,これまで未知であった遺伝子が発見されるようになった.NPファミリーを例にとると,真骨類のゲノムからANP,BNP,VNPに加えて4種のCNP(CNP1〜4)が発見され,系統群や種によって保存されている遺伝子が異なるが,最大で7種類からなることがわかった(図8.6).無顎類のゲノムからはCNP4のみが同定され

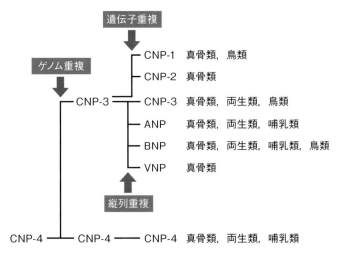

図8.6 脊椎動物におけるナトリウム利尿ペプチドファミリーの進化
NPの各タイプが見つかった系統群を右に示す.

た. 無顎類は現存する脊椎動物で最も古い形質を残していることから，この CNP4 が脊椎動物の NP ファミリーの祖先型分子に最も近いと推定される. 無顎類の分岐後に起きた全ゲノム重複によって CNP3 が生じ，その流れによって鳥類と両生類には CNP3，両生類にはさらに CNP4 が存在している. 一方，CNP1 と CNP2 はその構造的な特徴からゲノム重複ではなく遺伝子重複によって生じたと推定される[8-10]. 哺乳類には ANP，BNP，CNP が存在していることがわかっていたが，このように分子進化が明らかになった現在，その CNP は CNP4 が起源であることがわかった（図 8.6）.

このように，ゲノムレベルでの解析によってホルモンファミリーの分子進化を詳細に論じることができるようになった. こうしたアプローチで見つかった遺伝子のなかから，水・電解質代謝にかかわる新たなホルモンと目されるものが現れた. その例が，グアニリンとアドレノメデュリンである.

8.5 新しい体液調節ホルモン

8.5.1 グアニリン

グアニリン（GN）は，毒素原性大腸菌などから放出される耐熱性エンテロトキシンと構造が類似したペプチドホルモンであり，ファミリーを形成している. GN のほか，ウログアニリン（UGN），有袋類のオポッサムではリンフォグアニリン，真骨類のニホンウナギでレノグアニリンが同定されている.

GN はおもに消化管上皮の杯細胞で合成され，UGN は胃や腸，腎尿細管細胞などで産生される. GN，UGN は腸において水・電解質代謝に関わる. ナトリウムを多く含む食物が刺激となって腸の管腔側に GN，UGN が放出され，CFTR（cystic fibrosis transmembrane conductance regulator）と呼ばれる塩化物イオンチャネル（Cl^-チャネル）を介して重炭酸イオン（HCO_3^-）と塩化物イオン（Cl^-）の分泌を促進する. 哺乳類においては Cl^- と同時に水も排出されるが，真骨類では Cl^- の排出にともない Na^+-K^+-$2Cl^-$ 共輸送体（NKCC）が駆動されて水が吸収される（図 8.7）[8-11]. 腸で産生された GN，UGN は管腔だけでなく血液中にも分泌され，腎臓の糸球体を通過して濾液中から尿細管および集合管の管腔側でおもに K^+ の排出を促す. GN，

8章 水・電解質代謝とホルモン

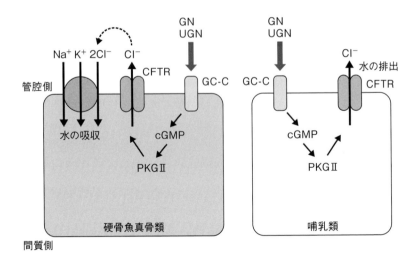

図8.7 哺乳類と硬骨魚真骨類の腸上皮細胞におけるグアニリンファミリーの作用
グアニリンは，GC-C 依存性のカスケードでは cGMP を細胞内メッセンジャーとし，プロテインキナーゼ G（PKG II）を介して作用を示す．

UGN はともにグアニル酸シクラーゼと共役した受容体 GC-C を介して作用する．しかし，GC-C ノックアウト（KO）マウスでも GN が腎作用を示すこと，GC-C KO マウスが正常な血圧を示すのに対し，UGN KO マウスは高血圧であることなどから，GC-C 非依存性のシグナル伝達系の存在が示唆されている[8-12]．

　他のグアニリンファミリーについては，オポッサムで発見されたリンフォグアニリンはおもにリンパ組織に発現しているが，体液調節への関わりは不明である．また，レノグアニリンはウナギの腎臓から発見されたが，生理機能はわかっていない．

8.5.2 アドレノメデュリン

　アドレノメデュリン（AM）は，ヒト褐色細胞腫から強い降圧作用を示すペプチドホルモンとして同定され，その後，利尿・ナトリウム利尿作用を含む多彩な機能をもつホルモンであることがわかった．AM はおもに血管内皮

細胞で産生され，腎臓では糸球体や遠位尿細管，集合管にも局在している．高血圧や心不全，慢性腎不全などにともなう血管の酸化的ストレスによって分泌される AM は，腎臓の細動脈において，カルシトニン受容体様受容体（calcitonin receptor-like receptor：CLR）と受容体活性調節タンパク質 2（receptor activity-modifying protein 2：RAMP2）または RAMP3 との組み合わせによる受容体複合体への結合を介して，セカンドメッセンジャーである cAMP の産生を増加させ，結果として一酸化窒素（nitric oxide：NO）を産生する．NO は血管平滑筋細胞を弛緩させ，血管が拡張する．AM が全身の血圧を下げる際にも同じしくみが働くが，腎臓においては，細動脈の拡張により糸球体濾過量が増加し，利尿・ナトリウム利尿作用を促す[8-13]．

　AM はさまざまな動物種に存在するが，ゲノム情報の解析により，真骨類のトラフグ（*Takifugu rubripes*），メダカ，ニホンウナギなどで 5 種類の AM 遺伝子群（*am1* 〜 *am5*）が同定されている．その分子進化を見てみると，哺乳類の *Am* はそのうちの *am1* のオルソログ（共通の祖先遺伝子から種分岐にともなって派生した遺伝子）である．*am1* と *am4*，また *am2* と *am3* はそれぞれ真骨類の系統群で特異的に起きた全ゲノム重複によって生じたと推定される（**図 8.8**）．すなわち，真骨類の生じる以前には *am1*，*am2*，*am5* の 3 種類の遺伝子が存在していたと推定された．このことが発想のきっかけ

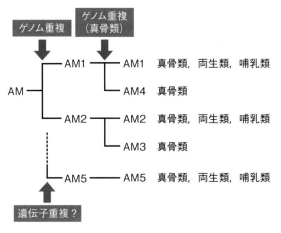

図 8.8　脊椎動物におけるアドレノメデュリンファミリーの進化
am5 遺伝子は全ゲノム重複後に遺伝子重複によって生じたと考えられる．各 AM 遺伝子が見つかった系統群を右に示す．

となり，哺乳類においても*Am1*以外に*Am2*，*Am5*遺伝子が同定されることとなった[8-14]（コラム 8.2 参照）．*Am2*が発現してつくられるタンパク質の量は極微量で，タンパク質から構造を決定するのはほぼ不可能である．また，ヒト*AM5*は遺伝子内に変異が入っているため，正常なタンパク質が翻訳されない．このようにゲノム情報を用いた分子進化学的なアプローチによって，生体に微量に存在する機能性ペプチドが同定できるようになってきている．哺乳類において，*Am1*ノックアウトマウスが血管形成不全により胎生致死であることから，AM1は血管新生など循環・体液調節に重要なホルモンであると考えられる．

では，その発見されたAM2，AM5はどのような機能をもっているのか．ウナギを用いた解析では，ウナギのAM2とAM5はほぼ同等の強さで飲水と降圧作用を誘起するが，AM1の活性はやや弱い．哺乳類においても，中枢に各種AMを作用させた際にAM2はAM1よりもオキシトシンの分泌を強く促進する．現在のところ，AM2とAM5は哺乳類AMと同様にCLRおよびRAMP2またはRAMP3の受容体複合体を介して作用するとされている．ところが，CLRとRAMPを共発現させた細胞に各種AMを作用させると，哺乳類のAMでも，真骨類のAMでも，AM1が最も高いcAMP産生能を示す．この結果はウナギなどで示された生理作用の強さと合致しない．また，哺乳類において見られたAM2のオキシトシン分泌促進作用は，CLRの受容体アンタゴニストによってその作用が完全に抑制されない[8-15]．このことはAM2やAM5に特異的な受容体が存在する可能性を示唆しているが，まだその本体は不明である．

8.6 おわりに

水・電解質調節はさまざまなホルモンや輸送体が関わる複雑なしくみである．分子生物学の技術の進歩，ゲノム情報の利用も相まって，水・電解質調節にかかわる分子やホルモンが発見され，今後，さらに体液の恒常性が保たれているしくみを深く理解できるようになるだろう．

コラム 8.2
アドレノメデュリンファミリーの分子進化

ホルモンの進化を知ることは，その作用の進化を知ることにもつながり，壮大な動物の進化に思いを巡らすことができる．AMファミリーはその起源について，分子進化の解析が進んでおり，好例である．

真骨類では5種類のAM遺伝子群（*am1〜am5*）が同定されており，真骨類の生じる以前には *am1*, *am2*, *am5* の3種類の遺伝子が存在していた可能性について本文で述べた．脊椎動物でも原始的な性質を残す現存種の無顎類と軟骨魚類ではAM1とAM2の特徴を併せもつ *am* 遺伝子が1種類のみ同定されている．また，哺乳類において *Am1* と *Am2* は異なる染色体上に位置するが，*Am1* の近縁に存在する遺伝子と似た配列をもつ遺伝子が *Am2* 遺伝子の近縁にも存在することから，脊椎動物AMファミリーは1つの祖先型分子に由来し，*am1* と *am2* は初期の全ゲノム重複によって2つに分かれたと推定できる．無脊椎動物ではAM遺伝子は同定されておらず，構造の類似するカルシトニン遺伝子のみが存在する．したがって，AMファミリーは脊椎動物で初めて発生したホルモンと考えられる．

8章 参考書

萩原啓実ら（1997）『ホメオスタシス』日本比較内分泌学会 編, 学会出版センター, p.59-96.

8章 引用文献

8-1) Takei, Y. *et al.* (2014) Am. J. Physiol. Regul. Integr. Comp. Physiol., **307**: R778-792.

8-2) Takahashi, H., Sakamoto, T. (2013) Gen. Comp. Endocrinol., **181**: 223-228.

8-3) Sakamoto, H. *et al.* (2012) Front. Biosci., **17**: 996-1019.

8-4) Bridgham, J. *et al.* (2006) Science, **312**: 97-101.

8-5) Sakamoto, T. *et al.* (2015) Sci. Rep., **5**: 14469.

8-6) Garrison, J. L. *et al.* (2012) Science, **338**: 540-543.

8-7) Takei, Y., Hirose, S. (2002) Am. J. Physiol. Regul. Integr. Comp. Physiol., **282**: R940-R951.

8-8) Tait, L. W. *et al.* (2009) Comp. Biochem. Physiol. C. Toxicol. Pharmacol., **150**: 45-49.

8-9) Wells, A. *et al.* (2006) Gen. Comp. Endocrinol., **145**: 109-115.

8-10) Inoue, K. *et al.* (2003) Proc. Natl. Acad. Sci. USA, **100**: 10079-10084.

8-11) Takei, Y., Yuge, S. (2007) Gen. Comp. Endocrinol., **152**: 339-351.

8-12) Sindic, A. (2013) ISRN Nephrol., doi: 10.5402/2013/813648.

8-13) Ishimitsu, T. *et al.* (2006) Pharmacol. Ther., **111**: 909-927.

8-14) Ogoshi, M. *et al.* (2006) Peptides, **27**: 3154-3164.

8-15) Hashimoto, H. *et al.* (2005) Am. J. Physiol. Endocrinol. Metab., **289**: E753-E761.

8-16) Sakamoto, T. *et al.* (2015) PLoS One, **10**: e0134605.

9. 血液中のカルシウムを調節するしくみ
―水生動物から陸上動物まで―

鈴木信雄・関口俊男・服部淳彦

　ヒトの血漿中には，カルシウムが 100 mL あたりほぼ 10 mg（10 mg/100 mL）存在する．そのうち約半分は遊離イオン型（Ca^{2+}）として存在し，残りの半分はタンパク質と結合している．この血漿中の Ca^{2+} 濃度を一定に保つ役割を担うのがホルモンである．カルシウムを含む食品を多量に食べたり，逆に空腹が続いたりしても，ホルモンにより血漿中の Ca^{2+} 濃度が大きく変化しないように調節されている．ヒトの場合はおもに骨がカルシウムの貯蔵庫として働いているが，魚類では主として鱗が，カエルやオタマジャクシでは背骨の近傍にある傍脊椎石灰嚢と呼ばれるカルシウムの貯蔵袋がその働きを担っている．本章では，哺乳類の知見を紹介しながら，他の脊椎動物のユニークなカルシウムの調節について解説する．

9.1　血漿中のカルシウムイオン濃度（Ca^{2+}）を一定に保つ意義

　水生および陸上に生息する脊椎動物の血漿中の Ca^{2+} 濃度は，ほぼ一定（10 mg/100 mL）に保たれている．一方，血漿中に比べて細胞内の Ca^{2+} 濃度は1万分の1程度である．神経活動においては，細胞内外の Ca^{2+} 濃度差が重要であるため，血漿中の Ca^{2+} 濃度が大きく低下すると，神経や筋肉が正常に働けなくなり，骨格筋の強直性の痙攣（テタニー）が生じる．神経における作用以外でも Ca^{2+} は，血液の凝固，酵素の活性化，ホルモンの分泌などに重要な役割を果たしている．そのため，血漿中の Ca^{2+} 濃度は一定に保たれている必要がある．カルシウムを含む食品，たとえば，小魚の唐揚げやカルシウムを補強した牛乳を多量に食べたり飲んだりしても適切に調節され，血漿中の Ca^{2+} 濃度は大幅に変化しない．その調節機構の主役が**ホルモン**な

9章 血液中のカルシウムを調節するしくみ

のである.

9.2 骨を使って Ca^{2+} 濃度を調節するしくみ

3〜5億年前,古生代オルドビス紀からデボン紀にかけて生息した最も原始的な脊椎動物（甲皮類）の甲羅が最初の骨組織である．甲皮類の甲羅は，1930年グロス（Walter Gross）によってアスピディン（aspidin）と名づけられた骨様組織で，表皮側には象牙質様，その下には海綿骨や層状骨様の構造があり，歯と骨の両方の特徴を併せもっている．この甲皮から頭蓋骨（膜性骨：軟骨を経ず直接石灰化する骨）と鱗ができ，その後に骨（置換骨：軟骨が硬骨に置き換わる骨，頭蓋骨と鎖骨以外の骨が置換骨）や歯が進化したと考えられている．また，アスピディンには，骨を作る細胞（aspidinoblast）と骨を壊す細胞（aspidinoclast）が存在したと考えられている．ヒトの骨組織において，これらの細胞に相当するのが，**骨芽細胞**（osteoblast）と**破骨細胞**（osteoclast）である.

骨は単に体の支持組織としての役割だけでなく，活発に代謝活動を行い，

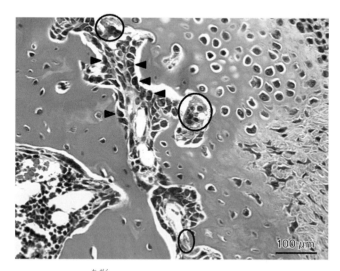

図 9.1　ラットの下顎骨の骨芽細胞（矢尻）と破骨細胞（円で囲んだ細胞）
（写真提供：関あずさ博士）

血漿中の Ca^{2+} 濃度の調節にも関わっている．骨は生涯を通じて日々作り換えられており，骨を壊し（骨吸収），壊した部位に新しく骨ができる（骨形成）．成長にともなって骨ができる過程を「モデリング」というのに対して，この過程を骨の「**リモデリング**」という．骨形成を担っているのが骨芽細胞であり，骨吸収の役割を果たしているのが破骨細胞である（**図 9.1**）．

骨芽細胞は骨基質表面に並んで存在する．骨芽細胞は自ら形成した骨基質の中に埋め込まれて骨細胞になるとともに，一部は骨の表面に残り，休止期の骨芽細胞として単層扁平細胞様に並ぶ．また，骨基質の有機成分の大部分は骨芽細胞によって合成，分泌されるが，骨芽細胞にはこの骨基質の形成に加えて，血液から供給される Ca^{2+} を骨に沈着させる役割もある．さらに，破骨細胞の分化，誘導にも重要な働きを示す．

一方，破骨細胞の機能は骨からカルシウムを溶出させることであり，これを骨吸収という．その結果，血漿中に Ca^{2+} が供給される．破骨細胞は，単核・マクロファージ系の前駆細胞から分化し，細胞融合によって2から数十個の多核になる．多くの破骨細胞は骨吸収により生じるくぼみ（吸収窩）の中に埋め込まれたような形で存在する．この破骨細胞の分化には，骨芽細胞からの因子（receptor activator of the NF-κB ligand：RANKL）が，破骨細胞に存在する受容体（receptor activator of the NF-κB：RANK）と結合する必要がある．リガンド（RANKL）が受容体（RANK）に結合すると，破骨細胞は多核になり，

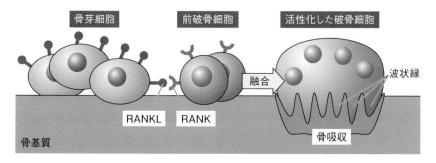

図 9.2 RANK/RANKL 系による破骨細胞の分化誘導と活性化
（山本 樹氏 修士論文（2015 年）より改変）

複雑に入り組んだ足のような構造（波状縁）ができ，そこから酸やタンパク質分解酵素が放出され，骨が溶かし出される（図9.2）．

以上のように，骨芽細胞による骨へのカルシウムの沈着（石灰化）と破骨細胞による骨吸収によって，血漿中のCa^{2+}濃度が一定に保たれている．その骨芽細胞と破骨細胞の活動は，いくつかのホルモンにより制御されている．

9.3　血漿中のCa^{2+}濃度を上げるホルモン

血漿中のCa^{2+}濃度を上昇させる代表的なホルモンは**副甲状腺ホルモン**（parathyroid hormone：PTH）と**活性型ビタミンD_3**（$1\alpha, 25$-ジヒドロキシビタミンD_3）である．ここではこれらについて，哺乳類の作用を中心に解説する．

9.3.1　副甲状腺ホルモン

PTHは，頸部にある甲状腺の後面に張りつくように存在する**副甲状腺**（上皮小体）という小さな内分泌器官から分泌されるペプチドホルモンである．1925年に血漿中のCa^{2+}濃度を上昇させる物質の存在が示され，1970年にはその構造が決定された．84個のアミノ酸から構成され，分子量は約9,500の単鎖のポリペプチドである．PTHは，血漿中のCa^{2+}濃度がある閾値より低下すると分泌される（図9.3）．分泌されたPTHは，血液によって骨に運ばれる．骨に到達したPTHは破骨細胞を活性化して骨からのCa^{2+}の溶出を促進する．しかし，PTHの受容体は破骨細胞ではなく，骨芽細胞に存在する．PTHは骨芽細胞にあるPTH受容体に結合し，前述のRANK/RANKL系（図9.2）を介して，破骨細胞を活性化して骨からのCa^{2+}の溶出を促すのである．

副甲状腺は，陸上動物で初めて形成された内分泌器官であり，環境水中からCa^{2+}を取り込める魚類にはPTHは存在しないと考えられてきた．しかしながら，トラフグ（*Takifugu rubripes*）のゲノム解析からPTHが見つかり，哺乳類のPTHの受容体と結合して生物活性を示すことがわかった[9-1]．魚類には副甲状腺はないが，鰓や神経細胞，脳などで*pth*遺伝子が発現しており，PTHが魚類の骨代謝や血漿中のCa^{2+}濃度の調節に関与しているようである．

9.3 血漿中のCa^{2+}濃度を上げるホルモン

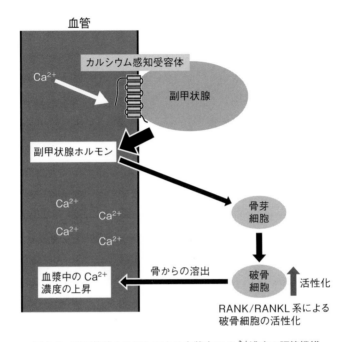

図 9.3 副甲状腺ホルモンによる血漿中のCa^{2+}濃度の調節機構

魚類における PTH の作用については 9.5 節で解説する．

9.3.2 活性型ビタミンD_3

ビタミン D は**脂溶性ビタミン**の 1 つである．ビタミン D の代謝研究の進歩によって，その活性型代謝産物（活性型ビタミンD_3：$1\alpha, 25$-ジヒドロキシビタミンD_3）が単離・同定された．この代謝産物は核内受容体と結合して，ステロイドホルモンに似た機序で作用することから，ホルモンの範疇に含まれる因子と考えられるようになった．ビタミン D は皮膚で作られる．皮膚に存在するプロビタミンD_3（7-デヒドロコレステロール）が日光中の紫外線の照射を受けてプレビタミンD_3を経てビタミンD_3になる．ビタミンD_3は，肝臓で 25-ヒドロキシビタミンD_3に代謝され，つづいて腎臓で活性型である$1\alpha, 25$-ジヒドロキシビタミンD_3に代謝される．

9章　血液中のカルシウムを調節するしくみ

　活性型ビタミンD_3はカルシウム輸送タンパク質の合成を促して，腸からのCa^{2+}の吸収を促進する．また，骨芽細胞に作用して，PTHと同様にRANK/RANKL系を介して破骨細胞を活性化し，骨吸収を促進する．さらに，腎臓からのCa^{2+}の再吸収を増加させる．このように，活性型ビタミンD_3は腸，骨および腎臓に作用して，血漿中のCa^{2+}濃度を上昇させる．

　ビタミンDが不足すると，消化管からのCa^{2+}の吸収が悪くなり，血漿中のCa^{2+}濃度の上昇が抑えられ，骨の石灰化が妨げられる．その結果，骨が軟化して曲がってしまう病気「くる病」を発症することがある．ビタミンDは腸からのCa^{2+}の吸収を促すことから，ビタミンDを多く含む食品（たとえば魚，とくに魚の肝臓）やカルシウムの含量が多い乳製品を食べるように心がけたい．さらに，日光（紫外線）を浴びて皮膚におけるビタミンDの合成を促すといっそう効果的である．厚生労働省の国民健康・栄養調査(2015年)によると，日本人の1日のカルシウム推奨量は18～29歳の成人男性800 mg，成人女性650 mgである．しかし，カルシウム摂取量は1日あたり平均437 mgに過ぎず，推奨量を下回っているのが現状である．骨の病気にならないためにも，カルシウムを補給するとともに，日光浴をしたり，ビタミンDを摂取することをお勧めしたい．

9.4　血漿中のCa^{2+}濃度を下げるホルモン

　Ca^{2+}濃度を上げるホルモンと下げるホルモンの存在は，厳密な範囲で血漿中のCa^{2+}濃度の恒常性を維持するシステムとして重要である．その血漿中のCa^{2+}濃度を下げるホルモンの代表が**カルシトニン（calcitonin：CT)**である．

　CTは，1962年にコップ（Harold D. Copp）により命名された．その由来は，カルシウムのtoneを整えるホルモン，すなわち，calcium ＋ tone ＋ hormone（たがいに拮抗して作用するPTHとCTによるフィードバックによって，血漿Ca^{2+}濃度は調節される）の意味である．コップは当初，CTは副甲状腺から分泌されると報告したが，ハーシュ（Philip F. Hirsch）らにより甲状腺から分泌されることが示された．その後,系統発生学的に調べると,

9.4 血漿中のCa^{2+}濃度を下げるホルモン

哺乳類では甲状腺の C 細胞（calcitonin cells の略，傍濾胞細胞ともいう）から，哺乳類以外の脊椎動物では**鰓後腺**（さいこうせん）と呼ばれる独立した内分泌器官から分泌されることがわかった．

CT は哺乳類だけでなく，鳥類（ニワトリ *Gallus gallus domesticus*），爬虫類（クサガメ *Mauremys reevesii*，アオダイショウ *Elaphe climacophora*，ニホンカナヘビ *Takydromus tachydromoides*，メガネカイマン *Caiman crocodilus*），両生類（クロサンショウウオ *Hynobius nigrescens*，アカハライモリ *Cynops pyrrhogaster*，ウシガエル *Rana catesbeiana* または *Lithobates catesbeianus*）など，硬骨魚類のニホンウナギ（*Anguilla japonica*），ニジマス（*Oncorhynchus mykiss*），チョウコウチョウザメ（*Acipenser dabryanus*），アフリカ産肺魚の 1 種（*Protopterus annectens*），軟骨魚類（アカエイ *Dasyatis akajei*）などでその構造が明らかにされている（**図 9.4**）．これらの CT の構造を比べてみると，① 32 個のアミノ酸から構成されている，② 1 位と 7 位のシステインがジスルフィド結合している，③ 32 位のプロリンがアミド化されている，という共通した特徴がある．魚類から鳥類まではアミノ酸配列は非常によく似ているが，哺乳類においてはアミノ酸の構成や配列が大きく異なっている．興味深いことに，原始的な哺乳類で卵生のカモノハシ（*Ornithorhynchus anatinus*）や有袋類のオポッサム（*Monodelphis domestica*）の CT は魚類の CT に近いアミノ酸配列をもつ[9-2]が，その理由はまだ明らかになっていない（**図 9.4**）．

```
カモノハシ    CSNLSTCVLGKLSQELHKLQTNPRTDVGAGTP-NH2
オポッサム    CSNLSTCLLGKLSQELHRLQTYTRTDVGARTP-NH2
サケ         CSNLSTCVLGKLSQELHKLQTYPRTNTGSGTP-NH2
サンショウウオ CSNLSTCVLGKLSQELHKLQTYPRTDVGAGTP-NH2
クサガメ      CASLSTCVLGKLSQELHKLQTYPRTDVGAGTP-NH2
ニワトリ      CASLSTCVLGKLSQELHKLQTYPRTDVGAGTP-NH2

ヒト         CGNLSTCMLGTYTQDFNKFHTFPQTAIGVGAP-NH2
ウシ         CSNLSTCVLSAYWKDLNNYHRFSGMGFGPETP-NH2
```

図 9.4　脊椎動物のカルシトニンのアミノ酸配列
カモノハシのカルシトニンと同じアミノ酸を網掛けにした．

9章 血液中のカルシウムを調節するしくみ

CTの分泌は，血漿中のCa^{2+}濃度の変化を鰓後腺または甲状腺のC細胞が直接感知して調節される．哺乳類の場合，図9.5に示すように，血漿中のCa^{2+}濃度が正常値より高いと甲状腺のC細胞からCTが分泌される．

血漿中に分泌されたCTは破骨細胞に作用する．CT受容体は破骨細胞にのみ存在することから，破骨細胞の特異的なマーカーの1つとなる．CTが破骨細胞に作用すると，波状縁（図9.2）の働きが停止する．その後，破骨細胞の容積が減少し，骨から剥がれていき，骨吸収が抑制される．

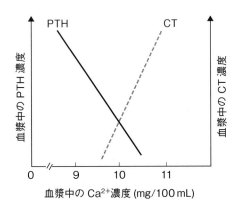

図9.5 カルシトニン（CT，破線）と副甲状腺ホルモン（PTH，実線）による血漿中のCa^{2+}濃度の調節機構

9.5 哺乳類以外の脊椎動物の血漿Ca^{2+}濃度調節機構

9.5.1 魚類における血漿中のCa^{2+}濃度を調節するしくみ

哺乳類にとっては骨が主要なカルシウム貯蔵庫であるが，魚類においては，カルシウムは骨ではなく，おもに鱗から出し入れされている．つまり，魚類のカルシウム調節においては，**鱗がカルシウム貯蔵庫**としての重要な役割を担っているのである．とくに，環境水中のCa^{2+}濃度が低い淡水にすむ魚類，たとえば，キンギョ（*Carassius auratus*）では，鱗が重要なカルシウム貯蔵庫であることが，放射性同位元素の^{45}Caを用いた実験により証明されている．

硬骨魚類の鱗の基本構造は，I型コラーゲンからなる線維層とI型コラー

ゲンとハイドロキシアパタイト（リン酸カルシウムの結晶）からなる骨質層（石灰化層）の2層からなる．さらに骨質層の表面にヒトの骨と同様に破骨細胞と骨芽細胞が共存している（**図 9.6**）．前述のように，ヒトの骨には，結合組織が直接石灰化する進化学的に古い骨化様式の**膜性骨**と，軟骨が成長した後に硬骨に置き換わる**置換骨**がある．ヒトでは大部分が置換骨であり，頭蓋骨と鎖骨が膜性骨である．

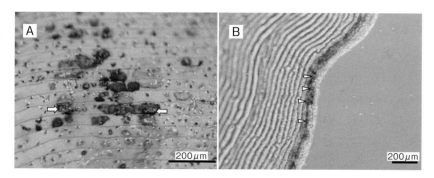

図 9.6　キンギョの鱗の破骨細胞（A）と骨芽細胞（B）
(A) は酒石酸抵抗性酸フォスファターゼ染色，(B) はアルカリフォスファターゼ染色．(A), (B) ともに DAPI による核染を行った．矢印は多核の破骨細胞の代表例，矢尻は1列に並んだ骨芽細胞を示す．
（写真提供：丸山雄介博士）

鱗はヒトの膜性骨と非常によく似た硬組織で，キンギョの鱗を用いて開発された培養系により[9-3] さまざまなホルモンに対する応答，毒物・環境汚染物質の毒性評価，さらにコラムで述べるように微小重力に対する応答も調べることができる．

9.5.2　魚類において血漿中の Ca^{2+} 濃度を上げるホルモン

哺乳類と同様に，**PTH** と**活性型ビタミン D_3** が関与するほか，卵巣から分泌されるエストロゲンや下垂体ホルモンの**プロラクチン**が血漿中の Ca^{2+} 濃度の上昇に寄与している．

魚類に副甲状腺は存在しないが，*pth* 遺伝子を発現している細胞が存在す

る．ゼブラフィッシュ（*Danio rerio*）では，側線の水圧や水流を感じ取る感覚細胞で*pth*遺伝子が発現している．側線の感覚細胞は鱗の中に存在するので，産生されたPTHが鱗に作用している可能性がある．キンギョの鱗においてPTHの作用を調べてみると，鱗の骨芽細胞とともに破骨細胞が活性化され，鱗のカルシウム含量が低下する．また，*rankl*遺伝子の発現量を増加させ，哺乳類と同様に破骨細胞を活性化する[9-4]．このことは，PTHの作用により，鱗から溶出したCa^{2+}が血漿中のCa^{2+}濃度を上昇させることを暗示する．しかしながら，海産魚のヨーロッパヘダイ（*Sparus auratus*）にPTHを投与しても血漿Ca^{2+}濃度は変化しない．環境水中のCa^{2+}濃度が低い淡水魚の方が血漿Ca^{2+}濃度を上昇させる機構が発達しているのかもしれない．

哺乳類と同様にモザンビークティラピア（*Oreochromis mossambicus*）に活性型ビタミンD_3を投与すると血漿Ca^{2+}濃度が上昇する．またタイセイヨウダラ（*Gadus morhua*）においては，腸からのCa^{2+}の吸収を促進させ，血漿Ca^{2+}濃度が上昇することが知られている（**表9.1**）．

エストロゲンは卵巣から分泌される女性ホルモンの総称である．正常な状態の哺乳類にエストロゲンを投与しても血漿Ca^{2+}濃度には影響を与えな

表9.1　カルシウム代謝関連ホルモン投与による血漿Ca^{2+}濃度の変化

	魚類（真骨類）	両生類	爬虫類	鳥類	哺乳類
カルシトニン	変化なしまたは低下	無尾類では低下	変化なしまたは低下	変化なしまたは低下	低下
スタニオカルシン	低下	?	?	?	他の作用が主（局所的な調節）
副甲状腺ホルモン	淡水魚で上昇	上昇	上昇	上昇	上昇
活性型ビタミンD_3	上昇	上昇	?	上昇	上昇
エストロゲン	上昇	上昇	上昇	上昇（骨髄骨を誘導）	変化なし（閉経後，エストロゲン欠乏により骨吸収促進）
プロラクチン	上昇	上昇	他の作用が主（成長，脱皮，再生，抗生殖腺刺激）	他の作用が主（嗉嚢乳生産，抱卵・育雛，抱卵斑形成）	他の作用が主（乳汁産出，哺育行動）

い．しかし，魚類を含めた哺乳類以外の動物にエストロゲンを投与すると血漿 Ca^{2+} 濃度が上昇する．雌の鳥類においては，骨髄の中の骨（骨髄骨）を誘導して，骨髄骨が産卵時のカルシウムの供給源となる（表9.1）．

プロラクチンは下垂体前葉から分泌されるタンパク質ホルモンであり，脊椎動物において多彩な作用が知られている．魚類，特に淡水魚では鰓に作用して，環境水からの Ca^{2+} の取り込みを促進し，血漿 Ca^{2+} 濃度を上昇させる（表9.1）．

9.5.3 魚類において血漿中の Ca^{2+} 濃度を下げるホルモン

魚類（真骨類）においても，CT が血漿 Ca^{2+} 濃度の低下に寄与している．ただし，真骨類における CT の分泌は，哺乳類で見られるわずかな血漿 Ca^{2+} 濃度の上昇（図9.5）では起こらない．たとえば，ニホンウナギの場合，カルシウムを多く含んだコンソメスープをウナギの胃に入れ，血漿中の Ca^{2+} 濃度が2倍以上に急激に上昇した時に CT が分泌されることが知られている（図9.7）．哺乳類とは異なり，血漿 Ca^{2+} 濃度は2～3倍程度上昇して

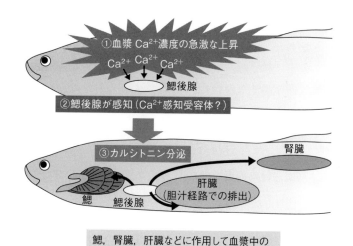

図9.7 ウナギにおけるカルシトニンの作用機構

も魚は死ぬことはない．しかし，それ以上に上昇するような場合には，鰓後腺に存在するカルシウム感知受容体が血漿 Ca^{2+} 濃度の変化を感知して CT を分泌すると考えられる[9-5]（図 9.7）．魚類の CT 受容体は，鰓，腎臓，肝臓（胆汁経由での排出）などの器官に存在することから，これらの器官から Ca^{2+} を排出するように働いていると考えられる．なお，CT は前述した摂餌時の作用に加えて，生殖時にエストロゲンにより活性化された破骨細胞を抑制する[9-3]．魚類において，CT は特殊な条件下で機能しているホルモンである．

　魚類においては，CT に加え，血漿 Ca^{2+} 濃度を低下させるホルモンとして，**スタニオカルシン（stanniocalcin：STC）** がある．STC は，スタニウス小体と呼ばれる小器官から分泌されるホルモンとして発見された．スタニウス小体は真骨類と全骨類のアミア（*Amia calva*）などの一部の硬骨魚類にのみ存在する内分泌器官で，発生学的には腎管に由来し，腎臓に付着して存在する．1839 年にスタニウス（Hermann F. Stannius）により命名された．その後，スタニウス小体に血漿 Ca^{2+} 濃度を低下させる因子が含まれていることがわかり，最初にギンザケ（*Oncorhynchus kisutch*）でそのホルモンの構造が決定された．STC による血漿 Ca^{2+} 濃度低下作用は，骨ではなく，鰓に作用して Ca^{2+} の取り込みを抑制することによる．

　哺乳類には内分泌器官としてのスタニウス小体は存在しないが，STC はある．ヒトの卵巣，前立腺，甲状腺，肺に *stc* 遺伝子が発現している．局所的な作用が強く，全身的な血漿 Ca^{2+} 濃度の調節には寄与していないようである（表 9.1）．また，鳥類や両生類においても *stc* 遺伝子発現が確認されているが，STC が生理的にどのように機能しているのかはわかっていない．

9.5.4　両生類における血漿中の Ca^{2+} 濃度を調節するしくみ

　両生類は，魚類におけるさまざまな調節機構を受け継ぎながら陸上に進出した動物であり，ホルモンの作用を考える上でも系統学的に興味深い位置にある．無尾両生類のカエルは，脊椎骨の周りに炭酸カルシウムを溜めた袋（傍脊椎石灰嚢）をもち（図 9.8），ここから Ca^{2+} の出し入れをしている．この器官は，幼生（オタマジャクシ）からカエルへの変態時における多量の

9.5 哺乳類以外の脊椎動物の血漿 Ca^{2+} 濃度調節機構

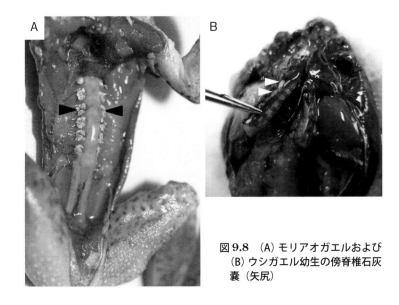

図 9.8 （A）モリアオガエルおよび（B）ウシガエル幼生の傍脊椎石灰囊（矢尻）

Ca^{2+} の動員や骨の硬化, 成体においては骨以外のカルシウム貯蔵場所として働いている. この無尾両生類特有のユニークな器官に対する作用も含め, 両生類のカルシウム調節ホルモンについて解説する.

9.5.5 両生類の血漿中の Ca^{2+} 濃度を上げるホルモン

両生類において血漿 Ca^{2+} 濃度を上昇させるホルモンとしては, PTH, 活性型ビタミン D_3, エストロゲン, プロラクチンが知られている.

無尾両生類の成体, とくに幼若個体において, PTH を分泌する副甲状腺を除去すると血漿 Ca^{2+} 濃度が減少して, 時として強直性の痙攣（テタニー）が起きる. ウシガエル (*Rana catesbeiana*) の成体においては, 副甲状腺除去により破骨細胞数が減少する. つまり, 骨から Ca^{2+} が溶出しなくなる. また, ウシガエルの幼生の副甲状腺を除去すると, 血漿 Ca^{2+} 濃度が低下する. このことは, 水中で生活する幼生期においても, PTH が血漿 Ca^{2+} 濃度の上昇に寄与していることを示す. なお, PTH は傍脊椎石灰囊にも作用している可能性があるが, 詳しくは調べられていない.

生涯水生生活を行うマッドパピー（*Necturus maculosus*）やアメリカオオサンショウウオ（*Cryptobranchus alleganiensis*）は，幼形成熟で有名な有尾両生類である．これらの動物には副甲状腺が存在しない．有尾両生類でもタイリクハンザキ（*Megalobatrachus davidianus*）やクロサンショウウオ（*Hynobius nigrescens*）は副甲状腺をもっている．これらの種で副甲状腺を除去しても血漿 Ca^{2+} 濃度は変化しない．この点は無尾両生類と異なる．しかし，有尾両生類のなかでも進化の進んだアカハライモリ（*Cynops pyrrhogaster*）では，副甲状腺を除去すると血漿 Ca^{2+} 濃度が低下してテタニーを起こす．このように有尾両生類では，その進化の程度により PTH の応答が異なる．

活性型ビタミン D_3 をヒョウモンガエル（*Rana pipiens*）に投与すると，おもに骨に作用して血漿中の Ca^{2+} 濃度が上昇することが知られている．エストロゲンもウシガエルで同様に作用する．また，プロラクチンも血漿 Ca^{2+} 濃度の上昇に関与する．有尾両生類のクロサンショウウオでは，下垂体を除去すると，血漿 Ca^{2+} 濃度が低下する．さらに，ウシガエルの幼生，アメリカオオサンショウウオおよびマッドパピーにヒツジのプロラクチンを投与すると，下垂体除去による血漿 Ca^{2+} 濃度の低下が抑制される．

9.5.6 両生類の血漿中の Ca^{2+} 濃度を下げるホルモン

血漿 Ca^{2+} 濃度を低下させるホルモンは CT と STC の存在が報告されているが，STC の作用については研究例がない．CT については，無尾両生類において，CT を分泌する鰓後腺がカルシウム代謝に関与していることが古くから知られている．ヒョウモンガエルの鰓後腺を除去すると破骨細胞数が増加し，その結果として血漿 Ca^{2+} 濃度が上昇する．鰓後腺を除去したヒョウモンガエルを人工的に骨折させると骨の石灰化が起こりにくくなる．また，ウシガエル幼生から鰓後腺を除去すると，傍脊椎石灰嚢への Ca^{2+} の蓄積が抑制され，成体の骨格は貧弱になる．さらに，ウシガエル幼生に鰓後腺除去手術を施し，高カルシウム水で飼育すると血漿 Ca^{2+} 濃度が上昇するが，同種の幼生あるいは他種成体の鰓後腺を移植すると血漿 Ca^{2+} 濃度の上昇が抑制される．CT を投与しても移植実験と同様な結果が再現される．これらの

ことは，無尾両生類において，CT が血漿 Ca^{2+} 濃度を低下させるホルモンとして機能していることを示す．

有尾両生類の CT の作用については，イモリやサンショウウオの鰓後腺除去が難しく，知見がほとんどない．CT 投与も特殊な実験下でのみ有効である．あらかじめ PTH の影響を除くために副甲状腺を除去して，その後，イモリを高カルシウム水で飼育して CT を投与すると血漿 Ca^{2+} 濃度の上昇が抑えられる．有尾両生類の鰓後腺に存在する CT の含量は無尾両生類よりも少なく，有尾両生類において CT は，無尾両生類で見られるほど機能していないようである．

9.6 概日リズムを調節するメラトニンの骨に対する作用

メラトニンは，概日(がいじつ)リズムを調節する物質であり，体内時計の指令を受けて夜間にのみ**松果体**という内分泌器官で作られるホルモンである．夜間に上昇するメラトニンは，夜行性の動物では「活動」の開始を，昼行性の動物では「休息」の開始シグナルとなる．したがって，昼行性のヒトでは，「睡眠相」への誘導を促進する．最近，このホルモンが骨にも作用することがわかってきた[9-6]．

孵化直後のニワトリから松果体を除去すると，2 か月後には約 6 割から 7 割の個体に**脊柱側彎変形**(そくわん)が生じる．松果体除去により 100％の個体に脊柱側彎変形が生じるニワトリの系統を用いて，夜間の血中メラトニンレベルに相当する濃度を維持できるメラトニンシートを移植すると，側彎の発生率が約 45％にまで抑制できた．この実験結果がメラトニンの骨代謝に対する研究のきっかけとなった．その後，1999 年にロス（Jerome A. Roth）と中出らのそれぞれ独立したグループにより，メラトニンの培養骨芽細胞に対する直接的な作用が報告された．これはメラトニンが骨に直接的に作用することを証明した最初の報告である．しかし，破骨細胞に対する作用を調べた研究報告はなかった．

9.5 節で述べたように，硬骨魚の鱗には石灰化した骨基質の表面に骨芽細胞とともに破骨細胞が存在している（図 9.6）．また，鱗ではメラトニンの

受容体が発現していることから,鱗の培養系を用いれば,メラトニンの鱗に対する直接的な作用を調べることができる.そこで,この培養鱗のシステムを用いてメラトニンの破骨細胞に対する作用を解析してみると,メラトニンが破骨細胞に対して抑制的に作用することがわかった[9-7].

メラトニンの骨疾患モデル動物に対する作用を調べた研究もある.人為的に卵巣を摘出したラットは,閉経後に生じる骨の病気(閉経後骨粗鬆症)のモデルとして用いられている.この病気は,閉経により卵巣からのエストロゲンの分泌が減少し,骨吸収が進行することにより引き起こされる病気である.このモデルにおいて,メラトニンは骨吸収を抑制することがわかった.さらに,ヒト(57〜73歳の女性)においても,毎晩3 mgのメラトニンを6か月間服用したところ,大腿骨頸部の骨密度が有意に増加した.これらは,メラトニンを骨吸収抑制剤として用いることができる可能性を強く示唆している.

メラトニンは野菜,たとえば春菊や大根の葉にも含まれ,穀類にも多く含まれている.したがって,ヒトは,毎日の食生活を通してメラトニンを摂取している.2か月間毎日メラトニンの含量が高い野菜を摂取すると,早朝尿中のメラトニンの代謝産物の量が上昇する[9-8].メラトニンを多く含む植物を積極的に摂る食生活は,年齢とともに低下するメラトニンを補い,骨の病気を予防できる可能性を秘めているのである.

コラム 9.1
魚類の鱗を使った宇宙実験

筆者らが**宇宙実験**を目指した研究チームを結成したのは2006年であった.2008年に「きぼう」の宇宙実験の候補テーマとして魚類(キンギョ)の鱗を用いた宇宙実験の提案が採択され,それからわずか2年の非常に短い準備期間で2010年5月に宇宙実験が実施された.これは,約50名の共同研

究者の協力と，キンギョの鱗が宇宙実験に非常に優れた材料であることによる．
「運を天に任せる」という言葉がある．非科学的なことではあるが，じつは，宇宙実験はこの言葉どおりで，晴天でないと（正確にいうとスペースシャトルやロケットの上に雲がない状態でないと）シャトルを打ち上げることができないのだ．天気が打ち上げを左右するので，「運を天に任せる」である．打ち上げは，みなさんもご存じの通り，発射数秒前に中止になることもある．筆者らの計画した宇宙実験は，奇跡的に打ち上げの直前に雲がなくなり，予定通りに打ち上がり，スペースシャトル・アトランティス号が宇宙へ向かう雄姿を見ることができた（口絵V-9章）．

われわれの宇宙実験は，野口聡一宇宙飛行士によって国際宇宙ステーション「きぼう」で実施された（**図9.9**）．シャトルのドッキング中に鱗を培養し始め，培養後，ただちにシャトルとともに地球に帰るという短期間に終わる実験である．しかし，シャトルが地球に帰還する前日は雷が鳴り，翌日の地球への帰還は難しいと思われた．ところが，打ち上げの時と同じように，シャトルが帰還する直前に奇跡的に晴れ，無事に，かつ遅れることなくシャトルは地球に帰還することができたのだ．このように，打ち上げと帰還の2度にわたって奇跡が起こった．「天が味方をした」のである．

図9.9　国際宇宙ステーション「きぼう」で作業する野口聡一宇宙飛行士
（写真提供：JAXA）

9章 血液中のカルシウムを調節するしくみ

なぜ実験に使ったのが哺乳類の骨ではなく，キンギョの鱗だったのか？哺乳類の破骨細胞は簡単に保存できず，シャトルの打ち上げのための調整が非常に難しい．一方，キンギョの鱗の場合は，さまざまなメリットがある．まず，炭酸ガスインキュベーター（特殊な機器）が不要であり，しかも低温（15℃）で2～3日間の培養が可能である．また，4℃で2週間保存できる．キンギョは低温に強く，冬に氷の張った池のなかでも生きている．鱗も同様なのである．2週間も保存できるので，日本でパッキングして飛行機でNASAに運び込んだ鱗をそのままシャトルに積み込んで打ち上げることができた．また，哺乳類の細胞では，破骨細胞を誘導するのは容易なことではない．本文中にあるように骨細胞からのRANKLの刺激が重要であり，骨芽細胞と破骨細胞との共存培養が必須である．鱗には，**図9.6**に示すように，石灰化したI型コラーゲンの上に骨芽細胞と破骨細胞が共存しており，破骨細胞の形態学的な変化も容易に調べることができる．つまり，哺乳類細胞での問題を容易にクリアーしているのだ．

宇宙では骨がもろくなるため，宇宙飛行士は地球に帰還した後，すぐに立って歩くのは危険である．実際，骨粗鬆症のスピードは地上の10倍速いと言われている．鱗を用いて調べてみると，宇宙に行ってわずか4日間培養しただけで顕著な破骨細胞の活性化が起こった．これは骨がもろくなることを示す結果であり，破骨細胞の活性化を形態学的に解析することができた．鱗は骨基質の上に細胞が乗っているので，細胞を容易に観察できるのである．鱗を用いたからこそ達成することができた成果である．まさに「目から鱗」の研究である．

9章 参考書

笹山雄一・小黒千足（1981）『ホルモンと水・電解質代謝』日本比較内分泌学会 編，学会出版センター，p.103-124.

折茂 肇・須田立雄 監修（1998）『カルシトニン』ライフサイエンス出版.

須田立雄ら 編集（2007）『新骨の科学』医歯薬出版.

9章引用文献

9-1) Danks, J. A. *et al.* (2003) J. Bone Miner. Res., **18**: 1326-1331.

9-2) 尾崎 司ら (2010) 比較内分泌学, **36**: 4-13.

9-3) Suzuki, N. *et al.* (2000) Peptides, **21**: 115-124.

9-4) Suzuki, N. *et al.* (2011) Bone, **48**: 1186-1193.

9-5) 鈴木信雄 (2005) Clinical Calcium, **15**: 139-146.

9-6) Suzuki, N. *et al.* (2008) J. Pineal Res., **45**: 229-234.

9-7) Suzuki, N., Hattori, A. (2002) J. Pineal Res., **33**: 253-258.

9-8) Oba, S. *et al.* (2008) J. Pineal Res., **45**: 17-23.

10. 血圧調節とホルモン

竹井祥郎

　読者の多くは，「血圧調節」という言葉を聞くと，一日の出来事で自分の血圧がどのように変化しているかについて思い巡らすであろう．お風呂にゆっくりと浸かっている時には血圧が下がっていると感じるし，人前で話す時にはドキドキして血圧が上がっていると感じる．このように，われわれの多くは，「血圧調節」には自律神経が重要で，副交感神経が優位になると血圧が下がり，交感神経が優位になると血圧が上昇すると思っている[10-1]．しかし，血圧調節はそれほど単純ではない．

　お風呂にはいるとゆったりとした気分になり副交感神経の活動が高まるが，この時，心臓への血液の還流量が増えて心房が膨れ，血圧を下げるホルモン（心房性ナトリウム利尿ペプチド，ANP）が心房から分泌される．人前で緊張した時には交感神経が刺激されるだけではなく，血液中にアドレナリンやアンギオテンシンなどの昇圧ホルモンが増えている．血圧調節では，このような素早い調節だけではなく，平常時の血圧の維持にもホルモンが関わっている．魚類と哺乳類では血圧が大きく異なるが，生息環境による血圧調節の違いにもホルモンが重要な役割を果たしていることがわかってきた[10-2]．

10.1　血圧調節のしくみ

　血圧調節のしくみについて話す前に，まず血圧とは何かについて考えてみよう．陸上動物（四肢動物）は**体循環**とは別に**肺循環**をもつため，1心房1心室からなる魚類の単純な**循環系**を例に説明する（**図10.1**）．大まかに循環系を記述すると，心室から拍出される血液は高圧系である動脈に入り，**抵抗血管系**を通ったのちに，低圧系である静脈系に入って心房へと戻る．抵抗血管系は，太い動脈から多数に分岐した細動脈のことを指すことが多いが，細

10.1 血圧調節のしくみ

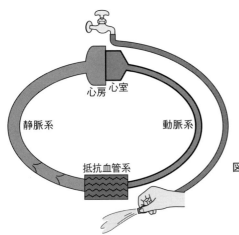

図 10.1 魚類における循環系の模式図
鰓循環を除く．抵抗血管系は細動脈が中心的な役割を担い，毛細血管，細静脈系も含む．通常，血圧は動脈系で測定する．

動脈からさらに細かく分岐をして生じる毛細血管系と，そこから血液を集めて静脈につなぐ細静脈も含めることにする（図 10.1）．また，ここでいう「血圧」とは，主要な太い動脈で測定した圧を指すことにする．血圧は心室から拍出される時が一番高く（ヒトで平均血圧が 150 mmHg を超える），細動脈の抵抗により下げられて，周りに血管平滑筋をもたない毛細血管では 10 mmHg 程度になっている．それくらいまで下げないと，血漿が血管内皮細胞の間隙から勢いよく漏れ出てしまう．毛細血管から静脈に血液が集まるとさらに低下するため（約 5 mmHg），逆流を防ぐように静脈には多数の弁がある．

それでは，血圧を調節する因子は何だろう．緊張した時に血圧が上がるのは，抵抗血管系である細動脈が**交感神経**や副腎髄質から分泌される**アドレナリン**などにより収縮することが大きい．ホースで水を撒くときのことを考えると，ホースの先を強く押さえると先まで水が飛ぶことに擬えられる（図 10.1）．すなわち，細動脈が収縮すると血圧（ホースの内圧）がさらに上がるのである．また，緊張すると自分でも強く早い拍動（ドキドキ）を感じるように，心拍数と一回拍出量（その積が心拍出量）が増えている．**心拍出量**の増大も血圧が上がる要因である．水撒きでは，水道の栓をさらに開いた状

態に相当する．このような変化はストレス性**高血圧**の原因であるが，この状態が長く続くと心臓に負担がかかり長生きできないであろう．

　最近の高血圧の原因は，塩分の摂り過ぎや過食によるものが多い．脊椎動物の循環系は**閉鎖血管系**であり，決まった容積の血管系の内に血液が存在する．したがって，血液量が増えるとその分だけ血圧が上昇することになる．ヒトを含む多くの脊椎動物は飢餓との戦いの歴史を経て現在に至っており，過食により血液中の糖，アミノ酸，脂肪酸などが上昇すると，なかなか元に戻すことができない．血糖値を上げるホルモンはグルカゴン，糖質コルチコイド，アドレナリン，成長ホルモンなど多数あるが，下げるホルモンはインスリンしかないことからもわかるだろう．また，陸上は一般に塩分欠乏に陥りやすい環境である．動物の血漿には約 150 mM のナトリウムイオン(Na^+)が含まれるが，とくに食物に NaCl をほとんど含まない植物を食べる草食動物や穀食動物は，強い**ナトリウム摂取欲**（sodium appetite）をもつ[10-3]．

　サバンナに生息するカモシカなど草食動物の移動経路には必ず岩塩を舐めるための場所があり，ウシやウマを飼う牧場の餌場には盛り塩が置いてある．草食動物には，塩分を摂取したいという強い欲求があるためである．ヒトは雑食性で動物の肉から塩分（NaCl）を摂取できるが，塩分を過剰に失った時には Na 摂取欲を感じるようである．アルコールを飲みすぎた時には，その利尿作用により塩分を失うため，二日酔いになった翌日に無性に濃い味噌汁を飲みたくなる．そのときには塩分を補いたいという欲望（Na 摂取欲）が起こっているのだろう．

　また，NaCl を摂取させる機構だけではなく，陸上動物にはナトリウムを体内に保持する機構が発達している．NaCl の保持には**レニン・アンギオテンシン・アルドステロン系**（RAAS）が重要な役割を果たしている[10-3]．ヒトはアルドステロンの分泌不全（アジソン病）では体内ナトリウムの減少による循環血液量の減少，低血圧が生じ，分泌過多（原発性アルドステロン症など）では血液量の増加と高血圧が生じる．ヒトは動物と植物双方を食する雑食性動物と思われているが，ナトリウム保持ホルモンである**アルドステロン**の重要性から判断すると，基本的には草食性だったのかもしれない．

血液中に塩分や糖，アミノ酸が増えると，浸透圧が上昇して細胞内の水が血管内に入ってくる．また，浸透圧の上昇により**バソプレシン**が分泌されて尿量が減ると同時に，「渇き」が惹起されて水を飲む．そのため，**血液量**が上昇して高血圧になる．このように，ホルモンは短時間，および長時間の血圧調節に重要な役割を果たしている．

10.2　水生から陸生へ：血圧調節機構の進化

血管系は，進化の過程で体制の複雑化とともに生じたことがわかる（図10.2）．単細胞生物であった時には外界が細胞外液なので，体表で呼吸を行い，栄養素を摂取して代謝物（老廃物）を排出していた．しかし，多細胞生物になり体制が複雑化すると，細胞集団の中心にある細胞に酸素と栄養素を与え，二酸化炭素と老廃物を排出するためには，拡散だけでやり取りをすることが難しくなってきた．そこで，素早く外界と物質の交換をするため，血管系が発達したと考えられる（図10.2）．最初の血管系は動脈系と静脈系の間に毛細血管をもたない開放血管系であったと考えられるが，進化したグループでは動脈系と静脈系が毛細血管でつながり，閉鎖血管系をもつようになった．その結果，血圧調節や循環調節の機構が発達してきたと考えられる．

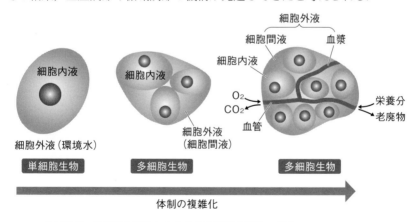

図10.2　体制の複雑化にともなう血管系の発生・進化
多細胞生物の中央の細胞に酸素や栄養素を送り，二酸化炭素や老廃物を除去するため，進化の過程で血管系が発生した．

10章　血圧調節とホルモン

　脊椎動物の祖先である脊索動物はすべて海生であるが，化石に見られる初期の脊椎動物はその流線型をもつ体型から，流れがある河口域（汽水域）にその起源をもつと推測されている[10-4]．その後，出現した顎をもたない原始的魚類（無顎類）は一度淡水域に入り，顎をもつ顎口類へと進化した後に陸上へと進出したほか，逆に海へ戻った種もあったと考えられている．水から陸に上がった際に生理学的な調節系に起こった変化を予想すると，まず考えられるのは**体液調節系**の進化である（図10.3）．浸透圧的に水が体内に浸入する「水過剰」の淡水環境から，水が失われる「水欠乏」の陸上環境への進出は，体液調節系に大きな変化を引き起こしたであろう．しかし，ここではこれ以上体液調節の進化には触れないことにする．詳しくは総説を参照してほしい[10-5]．

　もう1つ考えられる大きな変化は，**重力**の問題である（図10.3）．水中では水のもつ浮力のため重力の影響からほぼ免れているが，陸上ではその影響

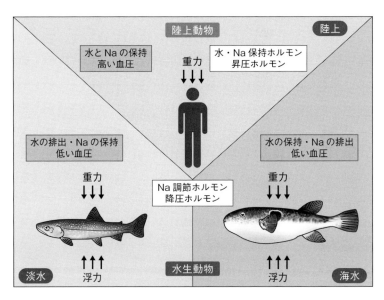

図10.3　水生動物と陸上動物における血圧調節と体液調節の違い
淡水魚と海水魚で体液調節では調節方向が逆転するが，重力の影響（血圧調節）という点では環境水により変わらない．

をまともに受ける[10-2]．したがって，血液は足下に押し下げられ，体の隅々にまで循環させるために心臓は強い力で働かなければならない．とくに直立歩行のヒトや長い首をもつキリンは，脳に血液を循環させるため，拍出時にはそれぞれ 150 mmHg や 250 mmHg を超える高い血圧となる．また，飛翔など活動性が高いため心臓が最大限に活動している鳥類も高い平均血圧をもつ．これら内温動物の心臓には**冠動脈**系が発達しており，酸素濃度の高い肺循環から戻った動脈血を心筋に送ってその活動を支えている．

一方，魚類では重力の影響がほとんどないため，循環のために心臓で消費するエネルギーは陸上動物より少なく，また循環血液量も少ない．たとえば，ヒトでは体重の約 8%，ウナギでは約 5% である[10-5]．さらに心壁は比較的薄く心筋はまばらに分布するため，血球が心筋の間隙に入り，直接酸素を与えることができる構造になっている．魚類にも冠循環が存在するが，鰓循環の一部が心室に戻っているらしい．このように，多くの魚類の心臓は循環のために強い力を必要としないため，血圧は平均で 25 mmHg 程度である[10-1]．脊椎動物は進化の過程で陸上に進出したが，それにともない循環系も重力に負けないよう進化を遂げたのである．

10.3 ホルモン調節と神経調節

水生の魚類から陸上動物にいたる循環系の進化を知ることにより，血圧調節の基本構造が見えてくる．神経調節は基本的に緊急対応的な調節なので，環境変化などのストレスに対して**自律神経系**である**交感神経系**と**副交感神経系**がまず対応し，それらの活動バランスにより血圧が調節される[10-3]．しかし，無顎類から陸上動物にいたる進化の過程で，心臓や血管系への2つの神経系の関与がかなり異なっている[10-6]．ここでは比較的長期にわたるホルモンの作用を中心に記載するので，神経調節については参考書にある生理学の教科書を読んでほしい[10-1]．

神経調節といっても，魚類では**血管作動性腸ペプチド（VIP），サブスタンス P，タキキニン**などが，ペプチド性の神経伝達物質として神経を介して血圧調節に関与している．一方，交感神経系が活性化すると，副腎髄質から

10章 血圧調節とホルモン

アドレナリンが分泌され，ホルモンとして血圧を調節する．また，オリゴペプチドと呼ばれる小さなペプチドホルモン（後述する**アンギオテンシン**やバソプレシンなど）は血液中の半減期が短く，ストレスに反応してすぐに分泌され，その効果は比較的短時間に消失する．このように，短期と長期という大まかな違いがあるにせよ，血圧の神経調節とホルモン調節の境目がはっきりしていない．

血圧を高く維持する陸上動物と，低く維持する魚類のホルモンを比較すると，面白いことがわかってきた．近年は一度に大量の塩基配列を読める次世代シーケンサーの登場により，多くの脊椎動物のゲノム配列が明らかになり，簡単に利用できるようになってきた．そこで，**ゲノムデータベース**に存在する循環調節ホルモンを調べてみると，明らかに哺乳類と魚類で異なっていた[10-6]．すなわち，哺乳類では血圧を上げるホルモンの遺伝子が多様化しているが，魚類では血圧を下げるホルモンの遺伝子が多様化していたのである（**図10.4**）．たとえば，血圧を下げるホルモンである**ナトリウム利尿ペプチド**（natriuretic peptide：NP）ファミリーの遺伝子は，ヒトでは心房性NP，

四足類 — 昇圧ホルモン，水・Na 保持ホルモン
バソプレシン / バソトシン
アンギオテンシン
アルドステロン
エンドセリン
ウロテンシンⅡ
など

魚類 — 降圧ホルモン，Na 排出ホルモン
ナトリウム利尿ペプチド
カルシトニン遺伝子関連ペプチド / アドレノメデュリン
グアニリン
血管作動性腸ペプチド
リラキシン
など

図 10.4 陸上動物（四足類）と水生動物（魚類）における主要な血圧調節ホルモンの違い
陸上動物では昇圧ホルモンが，水生動物では降圧ホルモンが重要な役割をもつ．
（写真提供：ピクスタ）

B 型 NP, C 型 NP（ANP，BNP，CNP）の3種類だが，ウナギではそれ以外に心室性 NP（VNP）と5種の CNP（CNP1～5）の合計8種類が存在する．一方，血圧を上げるホルモンは哺乳類と魚類で同じファミリー内に同数存在し，エンドセリンのような強力な昇圧ホルモンは哺乳類で多様化している．また，血液中に投与すると降圧ホルモンは魚類においてより強力であるが，昇圧ホルモンは哺乳類においてより強力であることが多い．このように，低い血圧を保っている魚類では降圧ホルモンが重要な役割を担っており，高い血圧を保つ陸上動物（とくに内温動物である哺乳類と鳥類）では昇圧ホルモンがより重要なのである．

本章の10.4節で取り上げる血圧調節ホルモンは，本巻の8章で扱っている**水・電解質代謝**ホルモンでもあることが多い．その理由の1つに，水から陸への進化が関係していると考えている（図10.5）．前述（10.2節）したように，初期の魚類は一度淡水に生息域を移してから陸上，および海へと進

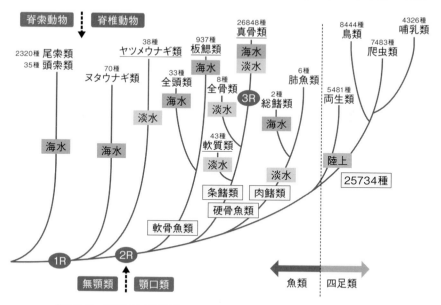

図10.5 **脊椎動物の系統樹**
おもな生息環境とこれまでに同定された種の数を記している．1R～3R は全ゲノム重複が起こった時期を示す．

10章　血圧調節とホルモン

出した．硬骨魚類の**条鰭類**が高浸透圧環境である海に進出したのは中生代のジュラ紀（約1億6千万年前）に入ってからで，古生代のデボン紀（約4億年前）にすでに海に進出していた**肉鰭類**（シーラカンス）や軟骨魚類と比べて後れを取った[10-7]．しかし，陸上動物と同じ海水の約3分の1の塩分濃度を保つ真骨類は，血液中に尿素を蓄積することで浸透圧による脱水を克服したシーラカンスやサメ・エイの仲間と比べ同じ生態系のニッチで優位を保ち，海で大きく繁栄することができた．そのため種も多様化して，真骨類の種数（約2万7千種）だけですべての陸上動物（哺乳類，鳥類，爬虫類，両生類）の種数（約2万6千種）を超える（**図10.5**）．海水中で低い塩分濃度を保つためには塩分を排出するホルモンが必要となり，血圧は体内の総NaCl量によって決まるため，塩分排出ホルモンは降圧ホルモンに分類されることが多い．一方，陸に上がった脊椎動物には水やNaClを保持する**機構**が発達したため，必然的にNaClを体内に保持するホルモンが昇圧ホルモンになったのであろう．

重力の関係から，陸上動物では**昇圧ホルモン**が，魚類では**降圧ホルモン**が優位であると述べたが，水や塩分環境の違いから，陸上動物では水とナトリウムを保持するホルモンが，魚類では水とナトリウム双方を排出するホルモンが重要な役割を果たしている（**図10.4**）[10-2]．後述するすべての昇圧ホルモンは，哺乳類において水とナトリウム双方を保持するため，昇圧ホルモンが陸上動物で重要であることと合致する．また，すべての降圧ホルモンは，哺乳類において水とナトリウム双方を排出させる．しかし，魚類で水とナトリウム双方を排出させることは環境適応と必ずしも合致しない．なぜなら，淡水環境では水を排出して塩分を保持し，海水環境では水を保持して塩分を排出しなければならないからである．しかし，よく考えてみると海水魚の周りに海水があるのだから，それを飲んで水を腸で吸収し，それとともに吸収される余分な塩分を排出できれば脱水環境である海でも生きてゆける．その機構については，5章の「**塩類細胞**」を参照して頂きたい．ヒトの腎臓は海水と同じくらいまで塩分を濃縮できないため海水を飲むと逆に水を失うが，塩類細胞をもつ魚類は，水とともに吸収される過剰な塩分を濃縮して排出で

きる．ヒトでの常識が他の動物に当てはまらない例である．

また，NPはヒトでは水とナトリウム双方を排出するホルモンであるが，魚類ではナトリウムのみを体内から減少させ，海水適応を促進する[10-8]．魚類では降圧ホルモンがナトリウムのみを排出させる海水適応ホルモンとして機能することは，海に進出することにより真骨類が大きく繁栄したことと関係があるかもしれない．

10.4　循環調節と体液調節の密接な関係

ホルモンが血管に直接作用するには，作用する血管に受容体がなくてはならない．陸上動物で最も重要な体液調節器官である**腎臓**を例にとると（**図 10.6A**），血液から原尿（血漿タンパク質を除いた血漿）を濾し取る**糸球体**には，血液を糸球体へ送り込む**輸入細動脈**と，濾過された血液を糸球体から送り出す**輸出細動脈**がある（6章参照）．血圧上昇ホルモンは血管収縮ホル

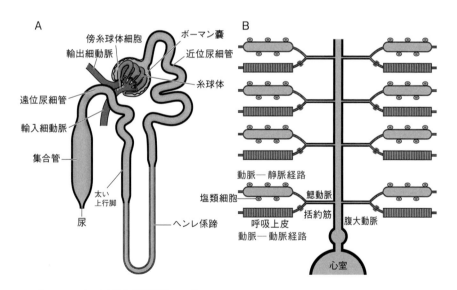

図10.6　血圧調節と体液調節の関係
哺乳類の腎臓（A）と魚類の鰓（B）の模式図を示す．哺乳類では血圧調節ホルモンが糸球体の輸入・輸出細動脈と尿細管に作用して尿量を変化させ，魚類では鰓の呼吸上皮に入る動脈の括約筋に作用して塩類細胞を通る血流を調節する．

モンでもあるため，輸入細動脈が収縮すると糸球体を流れる血液量が減少して，濾過される原尿が減少する．しかし，輸出細動脈のみを収縮させると，糸球体内圧が高まり濾過量が増える．降圧ホルモンであるANPの場合は，通常はその血管弛緩作用によって血管が広がることにより糸球体に対する血流量を増加させることになるが，ANPが輸出細動脈のみに作用する場合は糸球体内圧が減少するため尿量が減少するであろう．このように，血圧調節ホルモンは腎循環を大きく変化させることにより，体液調節に強く関与する．また，昇圧ホルモン，たとえばバソプレシンの受容体は，**腎尿細管**の上皮細胞にもあり，**水チャネル**や**イオン輸送体**の活性を変化させることにより，原尿の再吸収を調節している（6章参照）．

　魚類においても，血圧調節ホルモンは血管への作用を介して体液調節に関与している．魚類における最も重要な体液調節器官である鰓では，流入する血管は**動脈-動脈経路** (arterio-arterial circulation) と**動脈-静脈経路** (arterio-venous circulation) の2つに分岐する（**図10.6B**）[10-9]．前者が呼吸に関係し，後者が塩類細胞からのNaClの吸収（淡水魚）や排出（海水魚）に関与する（5章参照）．2つの経路が分岐した直後の動脈-動脈経路には括約筋があり，その括約筋が弛緩すると動脈-動脈経路を流れる血液量が増加して呼吸が盛んになり，収縮すると塩分代謝への関与が大きくなる．海水魚を例にとると，括約筋が弛緩すると呼吸上皮における水の浸透圧的損失と塩類の流入が増加し，収縮すると塩類細胞への血流が増えてNaClの排出が増加する．また，今後解明されるべき興味ある課題であるが，海水型の塩類細胞への分化を促進する長期作用型ホルモンであるコルチゾルや成長ホルモンは知られているが，塩類細胞に直接作用してその働きを瞬時に変えるホルモンはまだ見つかっていない[10-10]．哺乳類や鳥類では，バソプレシン，バソトシンは腎臓における水の再吸収を劇的に増加させる．このように，循環調節と体液調節は陸上動物と水生動物双方で密接な関係にあるが，魚類における研究はまだ発展途上である．

10.5 血圧を下げるホルモン

これまでに発見された血圧調節ホルモンは，魚類から哺乳類にいたるすべての脊椎動物において同じ働きをする．すなわち，降圧ホルモンはこれまでに調べられたすべての種で血圧を下げ，昇圧ホルモンは上昇させる．このように，血圧調節に関しては系統発生学的にみても作用が一致している．このことは，体液調節ではしばしば魚類と哺乳類でホルモンに反対の作用がみられることを考えると興味深い現象である．それは，魚類の体液調節では淡水（塩分の保持と水の排出）と海水（塩分の排出と水の保持）で調節が逆向きであるが，血圧調節に関しては2つの環境で調節の方向が変わらないためであろう（図10.3）．

哺乳類における降圧ホルモンとして，NPファミリーに属するANP，BNP，CNP，**カルシトニン遺伝子関連ペプチド**（calcitonin gene-related peptide：CGRP）ファミリーに属するCGRP，**アドレノメデュリン**（adrenomedullin：AM），**下垂体アデニル酸シクラーゼ活性化ポリペプチド**（pituitary adenylate cyclase-activating polypeptide：PACAP）ファミリーに属するPACAPとVIP，カリクレイン・キニン系の**ブラジキニン**（bradykinin：BK）などが知られている（図10.4）．ANPとBNPはそれぞれおもに心房と心室から分泌されるホルモンで，心不全や高血圧の診断薬や治療薬として利用されている．CNPはおもに脳や血管内皮細胞で産生される．CGRPは9章で扱われているカルシトニンと同じ遺伝子がスプライシングの違いによりつくられるホルモンで，中枢で強い血管拡張作用を示すため偏頭痛の原因として注目されている．AMは副腎髄質（adrenal medulla）由来のがん細胞から見つかったためこの名前がついた．PACAPは，下垂体培養細胞のサイクリックAMP（**cAMP**）産生を亢進する作用を指標に単離・同定された．ちなみに，NPファミリーやAM，PACAPは日本人が最初に構造を決定したホルモンである．VIPは神経伝達物質として腸に入力する神経末端から分泌され，水やイオンの吸収，蠕動運動にも関与している．

前述したように，魚類ではこれら降圧ホルモンが多様化している．たと

10章 血圧調節とホルモン

えば，NPファミリーではCNPがこれまで調べたすべての真骨類で少なくとも4種存在し，CGRPファミリーではAMが5種，PACAPファミリーではPACAPが2種存在する．多種のパラログが存在する理由の1つに，真骨類では他の脊椎動物よりも1度余分に全ゲノム重複が起こっていることが挙げられる（図10.5）．脊椎動物は進化の過程で2度の全ゲノム重複を経験しているが，真骨類では3度目の**全ゲノム重複**（3R）によりさらにゲノムが倍加した．CNP, AM, PACAPが真骨類で多様化した原因を探ってみると，AMのいくつか（AM1とAM4，およびAM2とAM3）は3Rで生じたことがわかったが，CNPやPACAPが増えたのは3Rが原因でない[10-11]．いずれにせよ，遺伝子重複により倍加した遺伝子が機能的に残ったことは，重要な役割を担っていたことで淘汰圧（選択圧）がかかったためと考えられる．

降圧ホルモンの受容体を調べると，多くの受容体は細胞内のセカンドメッセンジャーがcAMP，あるいはサイクリックGMP（**cGMP**）である（図10.7）．血管平滑筋を収縮させるためには細胞内のカルシウムを上昇させる必要があるため，**カルシウム**をセカンドメッセンジャーとする細胞内伝達系と拮抗しているのであろう．cAMPとcGMPは互いに協調しており，二次

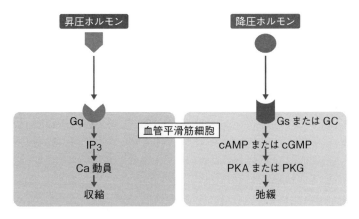

図10.7　昇圧ホルモンと降圧ホルモンの細胞内伝達機構の違い
GqとGs：GTP結合タンパク質，GC：グアニル酸シクラーゼ，
IP$_3$：イノシトール三リン酸，PK：プロテインキナーゼ．

的に cGMP が増えて cGMP 系も活性化する．すなわち，cAMP 系が活性化されると二次的に cGMP 系も活性化する．NP ファミリーの受容体は cGMP 系を，CGRP ファミリーと PACAP ファミリーの受容体は cAMP をセカンドメッセンジャーとしている．例外は BK で，カルシウムをセカンドメッセンジャーに用いるが，血管内皮細胞から内皮細胞由来弛緩因子である一酸化窒素（nitric oxide：NO）を分泌させるため，強い血管弛緩作用を示す．NO は細胞質にあるグアニル酸シクラーゼを活性化して，cGMP を増加させる．BK は直接作用として一次的に細胞内カルシウム濃度を上昇させるため，血圧調節に関して瞬時の上昇のあと，cGMP を介した作用によって長期の下降が起こる複雑な二峰性の作用を示す．

10.6　血圧を上げるホルモン

血圧を上昇させる作用は目立つことから，ホルモンの名前に付けられることが多い．バソプレシン（vasopressin：AVP）は血管（vasculature）を収縮（press）させることから名づけられ，アンギオテンシン（angiotensin）は血管を示す接頭語（angio）を緊張させる（tension）作用から名づけられた．アンギオテンシンは高血圧や心不全の原因となるホルモンであるため，その治療にアンギオテンシンⅡ変換酵素（ACE）や受容体の阻害剤が広く用いられている．しかし，AVP は血圧上昇作用よりも抗利尿作用のほうがより重要で，バソプレシンやその受容体遺伝子に変異が起こると尿崩症になる．そのため，現在では**抗利尿ホルモン**（antidiuretic hormone：ADH）という名で呼ばれることが多い．哺乳類では，このほかにも昇圧ホルモンが多数知られており，その内でもとくに強力なホルモンが**エンドセリン**（endothelin）と**ウロテンシンⅡ**（urotensin Ⅱ）である（**図 10.4**）．

それぞれの昇圧ホルモンについて，重要な点のみを解説する．レニン・アンギオテンシン系の最終産物であるアンギオテンシンⅡは，レニンや ACE の酵素作用により血液中で産生される（8 章参照）．アンギオテンシンⅡはアルドステロンの主要な分泌促進因子であるため，上述したように RAAS と呼ばれている．バソプレシンは，8 章でも述べたとおりである．エンドセリ

ンは血管内皮細胞(endothelium)から分泌される血管収縮因子で,哺乳類では基本的に3種のエンドセリンが知られている.ウロテンシンIIは,最初にコイ(*Cyprinus carpio*)の尾部下垂体(urophysis)から単離・精製された.尾部下垂体は魚類の脊髄の尾部末端に存在する神経性内分泌組織で,無顎類のヤツメウナギ,軟骨魚類,硬骨魚類でその存在が明らかにされている.哺乳類でもウロテンシンIIが同定され,摘出血管標本でエンドセリンの100倍の収縮作用をもつと報告されたため,多くの研究者の興味を惹いた.これらすべての昇圧ホルモンは,心臓の収縮力を増強して陸上生活に耐える高い血圧を保つことに貢献しているが,心筋の増殖にも関与するため心疾患に悪影響を及ぼすことがわかってきた.そこで,これらホルモンの阻害剤が拡張性心不全の治療薬として広く用いられている.

昇圧ホルモンの受容体は,基本的にフォスフォリパーゼCによる**イノシトール三リン酸**(IP_3)の産生と,それに続くカルシウムの動員を細胞内情報伝達系としている(図10.7).血管平滑筋の場合では,IP_3は筋小胞体からカルシウムを放出させ,筋収縮を引き起こす.しかし,内皮細胞への作用の違いにより,ホルモンの作用が異なっている.たとえば,エンドセリンでは内皮細胞からNOの放出が起きるため,摘出血管標本に投与すると,まずNOの作用として一過性の弛緩が起こった後にエンドセリンの作用である長時間の収縮が起こる.また,同じ昇圧ホルモンに対して複数の受容体サブタイプが存在するため,受容体の分布の違いにより血管の間で反応が大きく異なる.

10.7 おわりに

脊椎動物は,進化の過程で陸上へと進出したため,重力の影響を水中に棲んでいたときよりも強く受けるようになった.そのため,陸上動物は強い駆動力をもつ心臓と高い血圧をもつようになった.それにともない,哺乳類では昇圧ホルモンが重要で多様化してきた.このように,水生と陸生を比較することにより,血圧のホルモン調節だけでも多くの研究テーマのイメージが湧き出てくる.実際に比較内分泌学はとても面白い研究分野なのである.

コラム 10.1
比較内分泌学から学ぶこと

　血圧調節を例として，比較することの意義と面白さを紹介したい．筆者がよく用いたウナギの心臓は，体外に取り出してもかなり長い間拍動を続けた．哺乳類の心臓は摘出するとすぐに拍動を停止するのと好対照である．また，ウナギの心臓は，真っ赤だったのが収縮時には白っぽくなることを不思議に思っていた．その後心臓について調べると，水生である魚類の心臓はそれほど強い力を生じる必要はなく，心筋は疎らであることがわかった．そこで，魚類の心筋は，血球が間に入ることにより直接酸素を得ており，そのため収縮により色が変化するのではないかと考えた．すなわち，魚類では冠動脈が詰まって起こる虚血性心不全はありえない．しかし後になって，魚類でも運動性の高いマグロなどは高い血圧をもち[10-1]，心筋も厚く密であり，取り出すとすぐに拍動を停止することを学んだ．運動性の低いウナギの心臓を見ていたので，陸上動物との違いに気づいたのである．重力と血圧の関係は今では当たり前のことのように思えるが，比較すること無しには決して魚類の血圧調節に独自のストーリーを立てられなかったと思っている．

　比較することの意義として，新しい降圧ホルモンの発見につながった例を紹介する．最近は魚類のゲノムデータベースが完備されてきたため，哺乳類で見つかったホルモンのほとんどすべてをそこで見つけることができる．そこで哺乳類の AM を探したところ，トラフグで 5 種類見つかり，それが哺乳類の AM2 と AM5 の発見につながった．以前の比較内分泌学では，哺乳類で見つかったホルモンを魚類に応用する流れが常識であったが，今後は魚類から哺乳類への流れがますます増えてくるであろう．これは，比較内分泌学が広く内分泌学全体へ貢献した例である[10-2]．

　ANP，AM，VIP などの降圧ホルモンは，20 世紀も終盤になってやっと見つかった．発見が遅れた理由は，昇圧ホルモンが欠損すると生死に関わるが，降圧ホルモンでは生死に大きな影響が生じないためである．しかし，高血圧や心不全では降圧ホルモンの分泌が上昇し，血圧を下げ，心臓を守るホルモンとして働いている．そのため，魚類で発見されたこれらの降圧ホルモンは，心不全の診断や，高血圧・心不全の治療薬として最近脚光を浴びている．

10章 参考書

Hall, J. E. (2015) "Guyton and Hall Textbook of Medical Physiology" 13th Ed. Saunders-Elsevier, Amsterdam.

板沢靖男・羽生 功 編（1991）『魚類生理学』恒星社厚生閣.

日本比較内分泌学会 編（1997）『ホメオスタシス』学会出版センター.

10章 引用文献

10-1) Olson, K. R., Farrell, A. P. (2006) "The Physiology of Fishes" 3rd Ed. Evans, D. H., Claiborne, J. B. eds., CRC Press, Boca Raton, F.L., pp. 119-152.

10-2) Takei, Y. *et al.* (2007) Front. Neuroendocrinol., **28**: 143-160.

10-3) Takei, Y. (2000) Jpn. J. Physiol., **50**: 171-186.

10-4) Carroll, R. L. (1988) "Vertebrate Paleontology and Evolution" W. H. Freeman and Company, New York.

10-5) 竹井祥郎（2012）小児体液研究会誌, **4**: 3-9.

10-6) Takei, Y. (2008) Gen. Comp. Endocrinol., **157**: 3-13.

10-7) Colbert, E. H., Morales, M. (1991) "Evolution of the Vertebrates" 4th Ed. John Wiley & Sons, Hoboken, N. J.

10-8) Takei, Y., Hirose, S. (2002) Am. J. Physiol., **282**: R940-R951.

10-9) Olson, K. R. (2002) J. Exp. Zool., **293**: 214-231.

10-10) Takei, Y., McCormick, S. D. (2013) "Euryhaline Fishes" Fish Physiology Vol. 32, McCormick, S. D. *et al.* eds., Academic Press, San Diego, pp. 69-123.

10-11) Ogoshi, M. *et al.* (2006) Peptides, **27**: 3154-3164.

11. 血糖調節とホルモン
―血液中のグルコースを調節するしくみ―

喜多一美

　糖尿病の歴史は古く，紀元前15世紀にはエジプトのパピルスに糖尿病に関する記述がある．糖尿病になると本来は含まれていないはずの糖（グルコース）が尿中に排泄される．では，どうして血液中のグルコースが尿中に排泄されるのであろうか．それは，通常は一定に保たれているはずの血液中グルコース濃度（血糖値）が維持されずに高血糖状態になるためである．本章では，血糖値を維持するしくみについて解説する．

11.1　栄養素としての糖

　栄養素は生命の維持，成長および生殖にとって必要不可欠である．コーデックス委員会[*11-1]によれば，栄養素は食品の成分として消費される物質であり，①エネルギーを供給するもの，②生命の維持，成長および発達に必要なもの，③不足すると特有の生化学または生理学上の変化が起こる原因となるもの，と定義されている．栄養素のなかで，タンパク質，脂質，炭水化物（糖質ともいう），ビタミン，ミネラルの5種類は**五大栄養素**と呼ばれる．

　炭水化物は動物における最も重要なエネルギー源であり，**単糖類，少糖類**および**多糖類**に大別される．単糖類は，分子内にアルコール性水酸基とアルデヒド基（またはケトン基）をもつ．生物にとって最も重要な糖は**グルコース**であり，単糖類でブドウ糖とも呼ばれる．水に溶解した状態のグルコースは，六角形の環状構造と直鎖状構造を交互に繰り返している（**図11.1**）．少糖類は定義があいまいであり，単糖類が2個結合した二糖類を示す場合と，

＊11-1　国際食品規格の策定等を行っている国際連合食糧農業機関（FAO）と世界保険機関（WHO）により設置された国際的な政府間機関

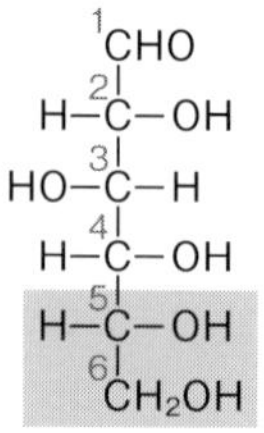

D- グルコース

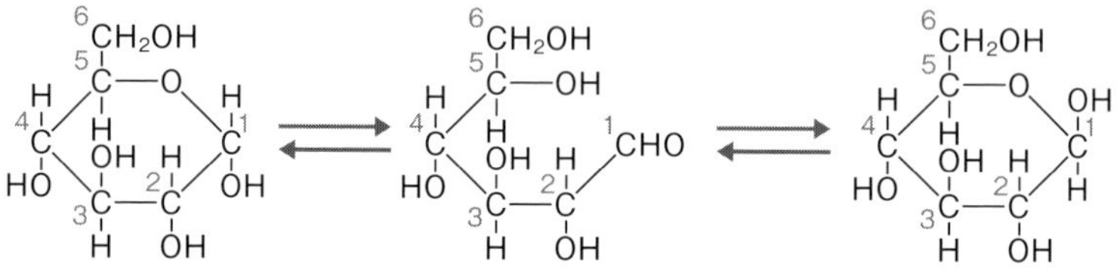

α-D- グルコース
（α-D- グルコピラノース型）

α-D- グルコース
（アルデヒド型）

β-D- グルコース
（β-D- グルコピラノース型）

図 11.1　グルコースの構造
α-D- グルコースと β-D- グルコースは水溶液中において平衡を保ち，α 型が約 36%，β 型が約 64%を占め，直鎖型は 1%未満である．

単糖類が数個結合した糖（三糖類や四糖類など）を含む場合がある．多糖類は単糖類が複数個結合し，少糖類ほど小さくはない糖（デンプンやグリコーゲンなど）を示す．

11.2　血糖値

11.2.1　哺乳類

ヒトの空腹時血糖値（血液中のグルコース濃度）は 70 ～ 100 mg/100 mL であるが，他の哺乳類の血糖値はどうであろうか．動物実験によく用いられるラットやマウス，ペットとして飼われているハムスターやモルモットなどの齧歯類の血糖値は，ヒトの血糖値とほぼ同じである（**表 11.1**）．ペットではイヌ，ネコおよびウサギもヒトと同じくらいの血糖値である．しかし，家畜の場合は少し状況が異なる．雑食性のブタや草食性のウマは肉食性のイヌやネコと同じように胃を 1 つだけもっている**単胃動物**で，血糖値はヒトとほ

表 11.1 哺乳類の血糖値

<哺乳類>	血糖値 (mg/100 mL)	出典
ヒト (*Homo sapiens*)	70-100	厚生労働省 (2015)
マウス (*Mus musculus*)	100	Fujii *et al*. (2015)
ラット (*Rattus norvegicus*)	108	Jobgen *et al*. (2009)
チャイニーズハムスター (*Cricetulus griseus*)	94	Frankel *et al*. (1974)
モルモット (*Cavia porcellus*)	112	Tabatabaei *et al*. (2014)
イヌ (*Canis lupus familiaris*)	95	Broussard *et al*. (2015)
ネコ (*Felis silvestris catus*)	89	Gooding *et al*. (2015)
ブタ (*Sus scrofa domesticus*)	104	Seerley & Poole (1974)
ウマ (*Equus caballus*)	98	Collicutt *et al*. (2015)
ウサギ (*Oryctolagus cuniculus*)	108	Ivanova *et al*. (2014)
ウシ (*Bos taurus*)	53	Sano *et al*. (1993)
ヒツジ (*Ovis aries*)	63	Kiani *et al*. (2015)
ヤギ (*Capra hircus*)	63	Kiani *et al*. (2015)
アジアゾウ (*Elephas maximus*)	75	Das *et al*. (2014)
シベリアトラ (*Panthera tigris*)	240	Byers *et al*. (1990)
アラスカトド (*Eumetopias jubatus*)	135-178	Rea *et al*. (1998)
ゾウアザラシ (*Mirounga leonina*)	135	Engelhard *et al*. (2002)
バンドウイルカ (*Tursiops truncatus*)	85-144	Venn-Watson *et al*. (2008)

ぼ同じ値である.

　一方，**反芻胃**（はんすう）と呼ばれる複数の胃（通常は4つ）をもつ**反芻動物**の血糖値は 50 ～ 70 mg/100 mL と，ヒトと比べるとかなり低い．ウシ，ヒツジおよびヤギなどの反芻動物は植物を主食としているが，植物中のセルロースは動物の消化管が分泌する消化酵素では分解できない．しかし，反芻胃の中の第1胃にはセルロース分解酵素をもつ微生物が生息しており，これらの微生物がセルロースから揮発性脂肪酸（酢酸，プロピオン酸，酪酸）を生成する．反芻動物はこれらの揮発性脂肪酸を体内に吸収してエネルギー源としている．このように，反芻動物では小腸からグルコースを吸収するのではなく，第1胃から吸収した揮発性脂肪酸からグルコースを体内で合成する．

　野生動物ではどうだろう．草食動物のゾウは，ウサギやウマと同様に発達

した盲腸をもっており，血糖値は反芻動物に近い値である．一方，肉食動物のトラの血糖値は 240 mg/100 mL と高い．また，海獣は一般的に血糖値が高く，アシカは 178 mg/100 mL，ゾウアザラシは 135 mg/100 mL，バンドウイルカは 144 mg/100 mL とヒトであれば高血糖であると診断される血糖値である（**表 11.1**）．

それでは，鳥類，爬虫類，両生類および魚類など非哺乳類の血糖値はどのくらいなのであろうか．

11.2.2 鳥　類

鳥類の血糖値は食性や種の違いに関わらず一様に高い（**表 11.2**）．身近な

表 11.2　鳥類の血糖値

<鳥類>	血糖値 (mg/100 mL)	出典
ニワトリ（*Gallus domesticus*）	265	Kita *et al.* (2002)
ウズラ（*Coturnix japonica*）	250	McCue *et al.* (2013)
シチメンチョウ（*Meleagris gallopova silvestris*）	312	Quist *et al.* (2000)
アヒル（*Anas platyrhynchos domesticus*）	188	Farhat & Chavez (2000)
スズメ（*Passer domesticus*）	300	Lattin *et al.* (2015)
ドバト（*Columba livia*）	331	Prinzinger & Misovic (2010)
ナゲキバト（*Zenaida macroura*）	340	Smith *et al.* (2011)
カナダガン（*Branta canadensis*）	231	Katavolos *et al.* (2007)
アメリカワシミミズク（*Bubo virginianus*）	375	O'Donnell *et al.* (1978)
ヒガシオオコノハズク（*Otus lettia*）	376	Chan *et al.* (2012)
カンムリワシ（*Spilornis cheela hoya*）	333	Chan *et al.* (2012)
イヌワシ（*Aquila chrysaetos*）	368	O'Donnell *et al.* (1978)
アカオノスリ（*Buteo jamaicensis*）	347	O'Donnell *et al.* (1978)
ハイイロチュウヒ（*Circus cyaneus*）	369	O'Donnell *et al.* (1978)
ソウゲンハヤブサ（*Falco mexicanus*）	415	O'Donnell *et al.* (1978)
クロハゲワシ（*Aegypius monachus*）	255	Villegas *et al.* (2002)
コンゴウインコ（*Ara macao*）	270	Harr *et al.* (2005)

スズメやハトでは 300 〜 350 mg/100 mL であり，ヒトの 3 倍近い．猛禽類ではさらに高く，350 〜 400 mg/100 mL である．家禽（家畜化された鳥類）の代表であるニワトリは 250 〜 300 mg/100 mL であり，その他の家禽もほぼ同様である．

11.2.3 爬虫類

爬虫類にはカメ類，ワニ類，トカゲ類およびヘビ類などが含まれる．多くは外温動物であり，体温は外部温度に依存して変動するが，血糖値も環境温の影響を受ける（**表 11.3**）．通常時のカメの血糖値は，リクガメとウミガメで異なり，リクガメでは 60 〜 100 mg/100 mL と反芻動物の血糖値に近い．リクガメの血糖値は，気温が上昇すると高くなることが知られている．一方，ウミガメの血糖値は 180 mg/100 mL であり海獣の血糖値に近い．

カメ以外の爬虫類であるワニ類，トカゲ類およびヘビ類の血糖値はヒトや反芻動物の血糖値に近い．冬の冬眠期における血糖値は通常時より低くなり，これはカメと異なる．

11.2.4 両生類

無尾両生類のカエルの通常時における血糖値は 18 〜 65 mg/100 mL であり，哺乳類や爬虫類の血糖値と比較するとかなり低い（**表 11.3**）．カエルは爬虫類と同様に外温動物であり，血糖値も環境温により影響を受ける．たとえば，ヨーロッパアカガエル（*Rana temporaria*）の血糖値は，秋から冬にかけて上昇し，春から夏にかけて低下する．

カメと同様に，冬眠時に凍結状態に曝されるカエルも特殊な耐凍性を有している．氷点下では，カエルの表皮の水分は凍結により結晶化する．このような環境下のアカガエルにおいては，肝臓に蓄えられていたグリコーゲンが急速に分解されて大量のグルコースが血液中に供給される．その際，血糖値は 36 mg/100 mL から 630 mg/100 mL へと 20 倍近くも跳ね上がる．供給されたグルコースは細胞や組織に取り込まれ，凍結による水の結晶化を防いでいる．

11章 血糖調節とホルモン

表11.3 爬虫類・両生類・魚類の血糖値

	血糖値 (mg/100 mL)	条件	出典
＜爬虫類＞			
ニシキガメ (Chrysemys picta marginata)	100	通常時	Hemmings & Storey (2000)
	200	−2.5℃で48時間寒冷暴露	
	450	6℃で48時間かけて解凍	
スッポン (Lissemys punctata)	60	気温25℃	Ray & Maiti (2001)
	100	気温35℃	
	125	気温38℃	
メキシコカワガメ (Dermatemys mawii)	75	通常時	Rangel-Mendoza et al. (2009)
アマゾンオオヨコクビガメ (Podocnemis expansa)	91	通常時	Oliveira-Junior et al. (2009)
アカウミガメ (Caretta caretta)	180	通常時	Pereira et al. (2012)
アメリカアリゲーター (Alligator mississippiensis)	90	通常時	Lance et al. (2004)
グアテマラワニ (Crocodylus moreletii)	70	雌雄差なし	Padilla et al. (2011)
テグトカゲ (Tupinambis merianae)	56	冬の休眠期	De Souza et al. (2004)
	106	覚醒期	
	137	春の活動期	
イタリアカベカナヘビ (Podarcis sicula)	150	通常時	Paolucci et al. (2006)
バーミーズパイソン (Python molurus bivittatus)	35	通常時	Harr et al. (2005)
	20	4℃で24時間	
ガラガラヘビ (Sistrurus catenatus catenatus)	90	雄	Allender et al. (2006)
	51	雌	
＜両生類＞			
アメリカアカガエル (Rana sylvatica)	52	夏終盤	Costanzo et al. (2013)
	85	秋	
	130	冬	

11.2 血糖値

ヨーロッパアカガエル (*Rana temporaria*)	18-36	5月から6月	Emelyanove et al. (2004)
オーストラリアアマガエル (*Litoria caerulea*)	144-216	10月から12月	Young et al. (2012)
ハイイロアマガエル (*Hyla versicolor*)	65	熱帯（ケアンズ）	Layne & Stapleton (2009)
	36	通常時	
	630	−1.5℃で72時間寒冷暴露	
<魚類>			
ゼブラフィッシュ (*Danio rerio*)	120	摂食後	Dalmolin et al. (2015)
	25	絶食時	
キンギョ (*Carassius auratus*)	54	通常時	Capiotti et al. (2014)
	31	1日絶食	Maksymiv et al. (2015)
ナイルティラピア (*Oreochromis niloticus*)	45	通常時	Telli et al. (2014)
	10	高タンパク質高脂肪食	Figueiredo-Silva et al. (2013)
	14	高タンパク質高炭水化物食	
	17	低タンパク質高脂肪食	
	21	低タンパク質高炭水化物食	
ニジマス (*Oncorhynchus mykiss*)	13	高タンパク質高脂肪食	Figueiredo-Silva et al. (2013)
	14	高タンパク質高炭水化物食	
	34	低タンパク質高脂肪食	
	73	低タンパク質高炭水化物食	
ヤツメウナギ (*Lampetra fluviatilis*)	108-216	11月から12月	Emelyanova et al. (2004)
	36-72	1月から2月	

11章　血糖調節とホルモン

氷点下に長時間曝されたカエルでは体の約65%の水分が凍結するが，その氷が解けると血液中のグルコースは徐々に肝臓に取り込まれ，グリコーゲンに合成されて肝臓に蓄えられる．

同じ種のカエルでも，北方産と南方産では耐凍性が異なることが知られている．アラスカ州産（北方産）とオハイオ州産（南方産）のアメリカアカガエル（*R. sylvatica*）を－2.5℃に48時間おいたところ，カエルの体の一部は凍り，どちらのカエルでも肝臓のグリコーゲンが急速に分解され，血糖値は4,500 mg/100 mLまで上昇した．解凍すると，5日後にはオハイオ州産のカエルの血糖値は低下したが，アラスカ州産のカエルの血糖値は1,530 mg/100 mLと高いままであった．

11.2.5　魚　類

魚類の血糖値は一般的に低い（**表11.3**）．ナイルティラピアやニジマスの血糖値は約10～15 mg/100 mLであり，他の脊椎動物と比較してきわめて低い．しかし，栄養条件，環境温などの影響を強く受け，摂食後のゼブラフィッシュ（*Danio rerio*）の血糖値は120 mg/100 mLであり，ヒトと同じくらいの値を示す．

11.3　血糖値を低下させるホルモン

血糖値の調節には「神経」と「ホルモン」の両者が関与して，一定の範囲に保たれている（**図11.2**）．血糖値は，食物として摂取される炭水化物が消化管内で単糖類や少糖類にまで消化され，体内に吸収されることによって上昇する．炭水化物の摂取によって上昇した血糖値は，視床下部の血糖値調節中枢によって感知され，副交感神経を介して膵臓を刺激する．副交感神経の刺激は，膵臓内部に島状に散在する**ランゲルハンス島**（**膵島**）と呼ばれる細胞群に伝達され，**β細胞**（**B細胞**）から**インスリン**が血中に分泌される．β細胞が障害を受けてインスリン分泌が不全になると1型糖尿病になり，インスリンは分泌されるが分泌量が少なくなったり，インスリンの働き方が弱くなったりすると2型糖尿病になる．

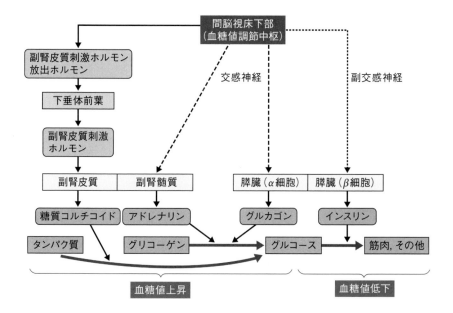

図 11.2　ホルモンと神経による血糖値調節
食後，血糖値が上昇すると膵臓から速やかにインスリンが分泌され，食事 2 時間後にはほぼ正常に近い血糖値に戻る．インスリンの重要な機能として栄養源である糖を筋肉などの細胞内に取り入れさせることが挙げられる．その結果として血糖値が低下する．

インスリンは，21 個のアミノ酸残基からなる A 鎖と 30 個のアミノ酸残基からなる B 鎖が 2 か所のジスルフィド結合によってつながったペプチドホルモンである．mRNA の遺伝情報が翻訳されてできたインスリンの前駆体はプレプロインスリンと呼ばれ，B 鎖と A 鎖の間に C ペプチドと呼ばれるアミノ酸配列が介在し，B 鎖の前にシグナルペプチドが結合している．プロセシングによってプレプロインスリンからシグナルペプチドが切り離されてプロインスリンとなり，さらにプロインスリンから C ペプチドが切り離されて A 鎖と B 鎖からなる二量体のインスリンとなる（**図 11.3**）．インスリンはヒト以外の哺乳類，また鳥類，爬虫類，両生類および魚類などすべての脊椎動物に存在している．

グルカゴンと構造が類似する**グルカゴン様ペプチド -1**（GLP-1）も血糖値

11章　血糖調節とホルモン

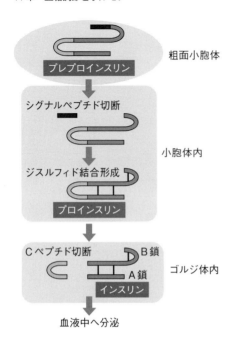

図11.3　プレプロインスリンの翻訳後修飾
プレプロインスリンからシグナルペプチドが切り出されたA鎖とB鎖の間で，S-S結合（ジスルフィド結合）が形成される．その後，Cペプチドが切り出され，成熟したインスリンとなり，ランゲルハンス島β細胞内の小胞に蓄えられる．

調節に重要な役割を果たす．GLP-1は，30個のアミノ酸残基からなるペプチドホルモンであり，**インクレチン**（GLP-1とGIP）の1つである．GLP-1はグルカゴンと同じ遺伝子から転写・翻訳されるが，グルカゴンとは異なるプロセシングによってプログルカゴンから切り出される（**図11.4**）．GLP-1は摂取された栄養素の刺激により，おもに**小腸のL細胞**から分泌される．分泌されたGLP-1は，ジペプチジルペプチダーゼⅣによる急速な分解を受けて不活性化される．不活性化を免れたGLP-1は，小腸内の求心性迷走神経を活性化し，摂食行動を抑制する．また，肝臓にあるGLP-1受容体と結合し，Gタンパク質共役型受容体を介してcAMP濃度が上昇，そのシグナルが細胞内に伝達される．GLP-1は，膵臓ランゲルハンス島からのインスリン分泌を促し，後述の血糖を上昇させるグルカゴンの分泌を抑制する．また，食物の消化管通過速度を遅くして栄養の吸収を促進させ，視床下部の満腹中枢を刺激する．これらの作用を利用して，GLP-1やGLP-1受容体アゴニストを2

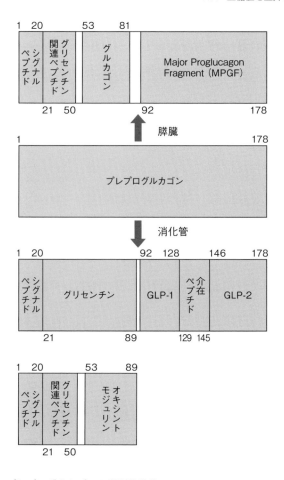

図 11.4　プレプログルカゴンの翻訳後修飾
　膵臓および消化管におけるプレプログルカゴンは同じアミノ酸配列を有しているが，異なる修飾を受ける．膵臓におけるランゲルハンス島 α 細胞ではグルカゴンが生成され，消化管における L 細胞では GLP-1 が生成される．

型糖尿病の治療に役立てようとする研究が進められている．

11.4　血糖値を上昇させるホルモン

血糖値は，おもに消化管内で吸収された単糖類や少糖類によって上昇する

が，糖は体内でも合成されている．これを**糖新生（gluconeogenesis）**という．炭水化物の摂取により血糖値が上昇すると，膵臓から分泌されたインスリンの作用によりグルコースは筋肉や肝臓に取り込まれる．筋肉や肝臓に取り込まれたグルコースは，グリコーゲンや脂肪として蓄えられる．食事と食事の間や，食物が摂取できないときには血糖値が低下するが，不足するグルコースを補うために糖新生によりグルコースが供給される．この糖新生には内分泌系が関与している．代表的なホルモンとして**グルカゴン**，**アドレナリン**および**糖質コルチコイド**がある．

　血糖値が低下すると視床下部の血糖値調節中枢が低血糖を認識し，交感神経を介して膵臓を刺激する．交感神経からの刺激は，ランゲルハンス島に伝達され，α細胞（A細胞）から**グルカゴン**が血中に分泌される．グルカゴンは29個のアミノ酸残基からなるペプチドホルモンであり，膵臓以外に消化管のL細胞からも分泌される．mRNAの遺伝情報が翻訳されてできたプレプログルカゴンからシグナルペプチドが切り離されてプログルカゴンとなる．プログルカゴンからプロセシングによって成熟型のグルカゴンが切り出される（図11.4）．インスリンと同様に，グルカゴンもヒト以外の哺乳類，鳥類，爬虫類，両生類および魚類などすべての脊椎動物でアミノ酸配列がわかっており，その配列は広く脊椎動物の間で保存されている．

　交感神経は副腎髄質を刺激し，**アドレナリン**の分泌を促す．分泌されたアドレナリンは，肝臓や筋肉中のグリコーゲンをグルコースに分解する．これを**解糖（glycolysis）**という．

　血糖値の低下は，視床下部室傍核から**副腎皮質刺激ホルモン放出ホルモン（CRH）**の分泌も促す．CRHは下垂体前葉を刺激し，**副腎皮質刺激ホルモン（ACTH）**を分泌させる．ACTHは副腎皮質を刺激し，糖質コルチコイドを分泌させる．糖質コルチコイドは，タンパク質分解を促進し，肝臓に作用してアミノ酸からグルコースを生合成する．

11.5　血糖調節の分子機構

　血液中からグルコースが細胞に取り込まれるしくみを図11.5に示す．膵

臓のランゲルハンス島にあるβ細胞から分泌されたインスリンは，筋肉細胞の細胞膜にあるインスリン受容体に結合する．インスリンが結合した受容体はチロシンキナーゼとして機能し，ATPをADPに変換して，遊離したリン酸を細胞質内のInsulin receptor substrate-1（IRS-1）に結合させ，リン酸化する．リン酸化されたIRS-1は，次にホスファチジルイノシトール3キナーゼ（PI3キナーゼ）をリン酸化して活性化し，活性化PI3キナーゼは，プロテインキナーゼB（PKB）を活性化する．活性化PKBは，細胞質のグルコース輸送体4（GLUT4）を細胞膜上に移動させる．細胞膜上のGLUT4は，グルコースを血液中から細胞内へ取り込む．これにより血液中のグルコースが低下する．14種類のグルコース輸送体が知られているが，インスリンの作

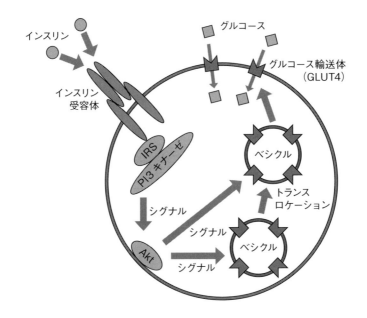

図11.5　GLUT4によるグルコース取り込み機構
食後，インスリンが膵臓から血液中に分泌され，約1時間でグルコースの細胞への取り込みが最大となる．鳥類では，インスリンに応答するGLUT4の存在が明らかになっておらず，インスリンによるグルコース取り込み機構には，まだ不明な点がある．

用を強く受けるのは GLUT4 だけである．

インスリンやグルカゴンと同様に，グルコース輸送体もすべての脊椎動物に存在する．ヒトにおいては 14 種類のグルコース輸送体（GLUT1 ～ GLUT14）が見つかっている．また，これまでのゲノム解析によれば，哺乳類，爬虫類，両生類および魚類には GLUT4 が存在するが，鳥類には GLUT4 が存在しない．GLUT4 は筋肉に多く存在し，インスリンに応答して血中グルコースを筋肉に取り込むようになる．鳥類はインスリンに対する応答性が低いが，GLUT4 が存在しないことが関係しているのかもしれない．

グルカゴンは，G タンパク質共役型受容体の 1 つであるグルカゴン受容体と結合し，アデニル酸シクラーゼを活性化する．活性化されたアデニル酸シクラーゼは ATP を cAMP に変換し，プロテインキナーゼ A を活性化する．また，ホスホリパーゼ C を介してプロテインキナーゼ C も活性化する．その後，グリコーゲンホスホリラーゼなどの酵素が活性化されることにより，肝臓のグリコーゲンからグルコース 1 リン酸が遊離し，グルコース合成が促進され，血糖値が上昇する[11-1]．

11.6　インスリン様成長因子

インスリンとよく似た構造をもつペプチドホルモンとして**インスリン様成長因子（IGF）**がある．IGF には IGF-I と IGF-II の 2 種類があり，アミノ酸配列の約 50％はインスリンと共通である．インスリンは，プロインスリンから C ペプチドが切り離されて A 鎖と B 鎖からなるインスリンとなるが，IGF はインスリンにおける A 鎖と B 鎖に加えて，C ペプチドが残った構造を有している（図 11.6）．

IGF-I は，動物における細胞の成長や分化を制御しており，タンパク質代謝およびエネルギー代謝に深く関与している．動物の成長において，下垂体前葉から分泌される**成長ホルモン（GH）**が重要である．しかし，GH は単独では筋肉や骨などの成長を促進しない．下垂体前葉から分泌された GH は，まず肝臓における GH 受容体に結合し，リン酸化シグナルを核に伝達し，IGF-I 遺伝子を活性化する．mRNA から翻訳された IGF-I は，N 端の

11.6 インスリン様成長因子

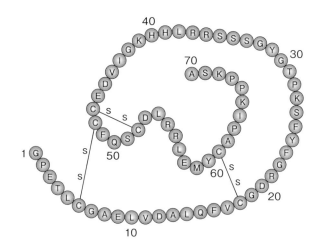

図 11.6 インスリン様成長因子-I (IGF-I) の構造
IGF-I は，インスリン，IGF-II，リラキシンとともに，インスリンファミリーペプチドに含まれる．近年，二枚貝やヒトデにもインスリン様構造を有する，インスリン関連ペプチドが見つかっている．

シグナルペプチドの除去やジスルフィド結合の形成などの翻訳後修飾を受けた後，血液中に分泌される．血中 IGF-I は，骨格筋や骨の細胞表面上にある IGF-I 受容体（IGF1R）と結合し，リン酸化シグナルを核に伝えることにより細胞の成長や分化を促進する（**図 11.7**）．

IGF-I の血中濃度はインスリンの 100 倍ほど高く，筋肉，肝臓および脂肪組織には IGF1R の遺伝子発現量が多い．また，インスリン受容体と IGF-I 受容体のシグナル伝達経路には共通部分が多く，IGF-I はインスリン受容体にも結合できるため，IGF-I にも血糖値を下げる効果がある．IGF-II は IGF-II 受容体（IGF2R）を介して，胎児期の成長に重要な役割を果たしている．IGF-II は，わずかではあるが IGF-I 受容体にも結合することができる．

血中や組織中には，IGF-I と特異的に結合をする IGF 結合タンパク質（IGFBP）が存在する．IGFBP は 6 種類（IGFBP-1 〜 IGFBP-6）存在し，さらに IGFBP 関連タンパク質と呼ばれるタンパク質が 9 種類ある．IGFBP

11章　血糖調節とホルモン

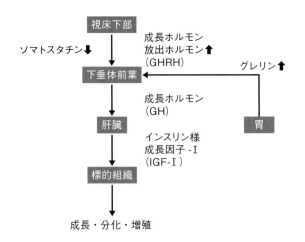

図 11.7　成長ホルモン－インスリン様成長因子-Ⅰ軸
下垂体前葉からの成長ホルモン分泌は，GHRHによって促進され，ソマトスタチンによって抑制されている．さらに，胃から分泌されるグレリンと呼ばれる脂肪酸（オクタン酸）で修飾されたペプチドホルモンも，下垂体前葉からの成長ホルモン分泌を促進する．また，この図には示されていないが，IGF-Ⅰの生理的機能は，IGF結合タンパク質（IGFBP）によっても制御されている．

はIGF-Ⅰと結合することにより，酵素によるIGF-Ⅰの分解を抑制し，血中におけるIGF-Ⅰの寿命を延ばす役割をしている．また，IGFBPは，IGF-ⅠとIGF1Rの結合を抑制する．ヒトを含む哺乳類において，最も主要なのはIGFBP-3である．血中において，IGFBP-3と結合したIGF-Ⅰの半減期は12～15時間であるが，結合していないIGF-Ⅰの寿命は10分以下である．また，IGFBP-3はIGF-Ⅰとは関連しない単独の機能も有しており，細胞膜表面に結合し，プログラム細胞死の促進や細胞分化の抑制など，IGF-Ⅰと相反する機能を担っている．

11.7　糖尿病と糖尿病合併症

　糖尿病は血糖値が正常値を逸脱し，異常に高くなる病気である．したがって，「高血糖症」と呼んでもよさそうであるが，異常な高血糖は尿中へ糖が

排泄されるため，古くから「糖尿病」と呼ばれているのである．ヒトの血糖値は厳密に制御されており，通常 70 〜 100 mg/100 mL である．糖尿病と診断する指標は以下に示すようにいくつかある．すなわち，①空腹時に測定した血糖値（空腹時血糖値）が 126 mg/100 mL 以上である場合，②グルコースを飲んだ 2 時間後に測定した血糖値（ブドウ糖負荷試験 2 時間値）が 200 mg/100 mL 以上である場合，③食事の時間に関係なく測定した血糖値（随時血糖値）が 200 mg/100 mL 以上である場合などがある．

糖尿病のタイプは，①1 型糖尿病，②2 型糖尿病，③妊娠糖尿病，④その他に分類でき，とくに日本人に多い 2 型糖尿病では生活習慣が原因の 1 つになっている．WHO によれば，2014 年現在，世界の 18 歳以上の人口の 9% が糖尿病であると報告されている．2012 年には世界中で 150 万人が糖尿病が直接の死因で亡くなっている．1 型糖尿病では膵臓からのインスリン分泌が不十分であるため，インスリンの投与が不可欠となる．2 型糖尿病では，食事療法，運動療法および経口血糖降下薬によっても血糖値がコントロールできない場合にはインスリン治療が必要となる（日本糖尿病学会）．

厚生労働省の「2013 年国民健康・栄養調査」によると，日本では「糖尿病が強く疑われる者」は約 950 万人，「糖尿病の可能性を否定できない者」は約 1,100 万人と推計されており，両者を合わせると約 2,050 万人にもなる．これは日本の総人口約 1 億 2800 万人の約 6 分の 1 に相当する．

糖尿病に罹病しても当初は自覚症状がほとんどない．しかし，罹病してからの年数が長くなるとさまざまな合併症を引き起こす．**糖尿病網膜症**，**糖尿病腎症**および**糖尿病性神経障害**の 3 つが三大合併症である．個人差はあるが，多くの場合，糖尿病と診断されてから 5 年から 15 年で神経障害，網膜症および腎症の順番で合併症が起こることが多い．

糖尿病神経障害の最も典型的な初期症状は，下肢，とくに両足の裏のしびれであり，病理的には神経繊維脱落と血管基底膜の肥厚が認められる．この状態が続くと，下肢の微細な外傷に気づかず，血行障害や免疫機能の低下などが互いに作用しあって感染症を引き起こし，最終的には壊死が進行する．

糖尿病網膜症の発症には終末糖化産物（AGEs）産生が関与している．

11章　血糖調節とホルモン

AGEs と結合した血管内皮細胞から血管内皮細胞増殖因子（VEGF）が誘導され，血管壁の基底膜肥厚をともなう細小血管症が起こる．網膜の細小血管（毛細血管）は損傷を受けやすく，それが障害を受けることにより黄斑浮腫などを引き起こして最終的には失明に至る．

糖尿病腎症では，グルコースの代謝産物であるソルビトールが増加し，腎臓の糸球体におけるミオイノシトール合成が阻害されることにより糸球体が障害を受ける．また，高血糖状態に長期間暴露されると，AGEs が増加し，糖尿病腎症の発症に影響を及ぼす．糖尿病腎症が進行すると，タンパク質が糸球体濾液に漏出するようになり尿中タンパク質量が増えて検尿で検出されるようになる．漏出するタンパク質量が増えると最終的には腎不全になり，人工透析が必要となる．

11.8　生体における非酵素的糖化反応

グルコースのアルデヒド基はタンパク質やアミノ酸の遊離したアミノ基と結合し，シッフ塩基を形成した後に**アマドリ化合物**を生成する（図11.8）．この反応は**アミノカルボニル反応**（メイラード反応，または糖化反応）と

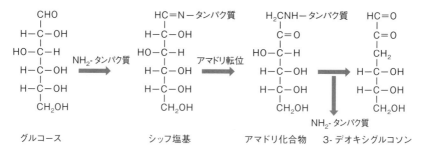

図11.8　糖化反応（メイラード反応・アミノカルボニル反応）
生体内における糖化反応は，グルコースのアルデヒド基とアミノ酸やタンパク質のアミノ基が，酵素の存在を必要とせずに非酵素的に結合する反応である．血糖値が高ければ高いほど糖化反応は進み，糖尿病合併症の一因となる AGEs も増加する．

11.8 生体における非酵素的糖化反応

呼ばれる．生成されたアマドリ化合物は，酸化反応や開裂反応などを経て，3-デオキシグルコソンや AGEs を生成する．AGEs には，N^ε-カルボキシメチルリジン，カルボキシエチルリジン，ピラリン，ペントシジン，クロスリンなどがある．生体内には AGEs をリガンドとして認識する **AGE 受容体**が存在し，Receptor for AGEs（RAGE），OST-48（AGE-R1），80K-H（AGE-R2）およびガレクチン 3（AGE-R3）などがある．これらの AGE 受容体は糖尿病合併症の一因となる．また AGEs やアマドリ化合物の代謝には組織特異性があり，特定の組織，肝臓，腎臓および脾臓に集積することが明らかとなっている（**図 11.9**）[11-2]．

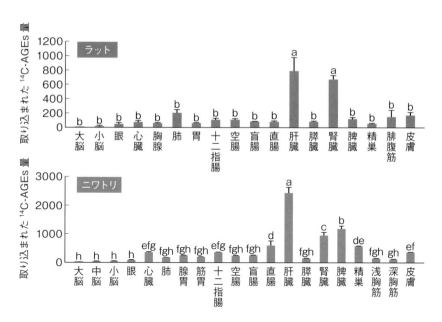

図 11.9 ラットとニワトリの各組織における AGEs の取り込み
哺乳類および鳥類ともに AGEs は肝臓と腎臓に取り込まれやすい．腎臓に取り込まれた AGEs は尿中に排泄されるが，肝臓に取り込まれた AGEs の代謝は明らかにされていない．また，哺乳類と異なり鳥類では脾臓にも AGEs が多く集積するが，その原因は不明である．カラムとバーは平均値と標準誤差（$n = 7$）を示す．異なるアルファベットは，異なる記号間で有意差あり（$P < 0.05$）．

11 章 血糖調節とホルモン

11.9 おわりに

グルコースは生命の維持，成長および生殖にとって必要不可欠なエネルギー源であり，血糖値は動物によって差があるが，その濃度はホルモンによって厳密にコントロールされている．グルコースには栄養素としての働き以外に，冬眠時における凍結防止剤としての働きもある．また，グルコースは非酵素的糖化反応の基質となり，生成される終末糖化産物（AGEs）やアマドリ化合物は生体にさまざまな影響をおよぼしている．このように，グルコースには多彩な機能があり，今後もグルコースの生理機能に関する研究が進展することであろう．

コラム 11.1
血液の不凍性

一般的に，気温が氷点下となる地域に生息している脊椎動物は，凍結による生命の危険を回避するためのさまざまなしくみを備えている．多くの動物は，暖かい地域へと移住することで寒さを回避する．また，体内の代謝を冬眠状態に合わせて変化させ，越冬に適した場所を見つけて冬眠する動物もいる．その他の動物は，体の凍結から身を守り，生き残るために体を寒さに適応させ，氷点下の環境下で耐え抜くことになる．カメは，冬場に気温が大きく低下すると冬眠する．氷点下ではカメの体表も凍結するが，生命を維持できるしくみがある．

ヒトの体の 60％（成人）から 70％（幼児）は水で占められており，ヒト以外の動物も体内に豊富な水分を含んでいる．水が凍結して氷になると，体積が約 1 割膨張し，比重が 0.92 g/cm^3 となる．水が凍結すると，氷晶と呼ばれる氷の結晶を形成する．細胞内や細胞外の水分が結晶化すると細胞膜や細胞内小器官などの細胞構造が物理的に破壊され，解凍しても生命を維持できない．そこで，氷点下において生命を維持するためには，細胞内に生成する氷晶の成長を抑制し，細胞の物理的な損傷を防ぐことが重要となる．

11.9 おわりに

　脊椎動物のなかでも寒冷地に生息する一部のカメとカエルは，周囲の環境が氷点下になると血液中のグルコース，グリコーゲン，グリセロール濃度が上昇し，細胞内における氷晶の生成を抑制することが可能となる．グルコース，グリコーゲン，グリセロールなどは凍結保護物質として機能し，細胞内および細胞周辺部に氷の結晶が形成されないガラス化状態となる．ガラスは一見硬い固体のように見えるが，内部における分子構造は非結晶構造（アモルファス構造）をとっており，非常に粘度の高い液体に近い物質である．ガラス化状態とは特定の分子配列をもたずに分子の運動が抑えられた状態のことであり，粘度が極度に高いため安定した状態となる．そのため，ガラス化状態では固く大きな氷晶は形成されないため，細胞構造の破壊は起こらない．この現象はヒトの生殖医療における卵子の保存や，家畜の生殖工学における受精卵を保存するためのガラス化凍結法として利用されている．

コラム 11.2
糖尿病モデル動物としてのニワトリ

　ヒトでは空腹時血糖値が 126 mg/100 mL を超えるだけで糖尿病が疑われる．筆者は，研究でニワトリを用いることが多いが，その血糖値はヒトの2倍から3倍と高い．それではニワトリは糖尿病合併症を発症しているのであろうか．残念ながら，今までにニワトリで糖尿病合併症を認めたという報告は見当たらない．これは，糖尿病合併症を発症するまでニワトリを飼育した研究がないことも理由の1つである．ニワトリの寿命は意外と長く，最長10年以上生きることが知られている．ヒトの場合，糖尿病合併症を発症するまでに5年から15年かかると考えられているので，ニワトリが天寿を全うするまで飼育することができれば合併症を発症したニワトリに出逢えるかもしれない．

　図 11.8 に示したアミノ酸のアミノカルボニル反応は非酵素的反応であり，グルコース濃度が高いほど反応が進む．したがって，高血糖動物であるニワトリの体内にはグルコースとアミノ酸が結合したアマドリ化合物や，アマド

リ化合物から産生されるAGEs（ペントシジンなど）が多く存在するはずである．実際，ニワトリ体内のAGEsを測定した研究があり，孵化後から100週齢までの間に，加齢にともなって皮膚のAGEs含量が高くなったと報告されている．また最近，筆者らの研究によってアミノ酸のアミノカルボニル反応の初期生成物であるアミノ酸アマドリ化合物が測定可能となった．今後，ニワトリの体内におけるアマドリ化合物と加齢との関係が明らかになれば，ニワトリをラットやマウスのように糖尿病モデル動物として積極的に活用できるようになるかもしれない．

11章 参考書

Chiu, T. T. *et al.* (2011) Cell Signaling, **23**: 1546-1554.

Hjortebjerg, R., Frystyk, J. (2013) Best Practice & Research Clinical, Endocrinology and Metabolism, **27**: 771-781.

Holmes, D. J. *et al.* (2001) Experimental Gerontology, **36**: 869-883.

Holst, J. J. (2007) Physiological Reviews, **87**: 1409-1439.

今泉 勉 監修，山岸昌一 編集（2004）『AGEs研究の最前線』メディカルレビュー社．

門脇 孝 編集（2004）『糖尿病病態の分子生物学』南山堂．

門脇 孝ら 編集（1995）『メディカル用語ライブラリー 糖尿病』羊土社．

Rajpathak, S. N. *et al.* (2009) Diabetes/Metabolism Research and Review, **25**: 3-12.

鈴木 健（2001）『生化学』医歯薬出版．

Stöckli, J. *et al.* (2011) Journal of Cell Sciene, **124**: 4147-4159.

11章 引用文献

11-1) Leibigera, B. *et al.* (2012) Proc. Natl. Acad. Sci. USA, **109**: 20925-20930.

11-2) Kita, K. (2014) Poult. Sci., **93**: 429-433.

12. 外界の温度変化から
体内の温度環境を守るしくみ
―さまざまな体温調節とホルモン―

佐藤貴弘

　生物を取り巻く環境は極寒の極地方から灼熱の砂漠まで多様であり，外気温は大きく変動する．このため，生物は外界の温度変化に対抗して体内の温度環境を維持するため，多岐にわたる体温調節のしくみを発達させて，これを克服してきた．体温が上がりすぎれば細胞機能の低下によって生存が危ぶまれる一方，体液が凍るほどにまで体温が低下してもやはり生命の危機へとつながる．本章では，体温調節におけるホルモンの役割に着目しながら，体温を巧妙に調節するしくみについて解説する．

12.1　体温からみた動物の分類

　地球上に生息する動物は，外界の過酷な温度変化を克服して体内の至適温度環境を維持しなければならない．このため，各動物群はそれぞれの生息環境に適応できるように体温調節系を発達させてきた．また，動物は体温の源である熱源を得るために食餌をしなければならない．少しでも良質な，あるいは少しでも多くの食物を摂取して有利に生存するため，その種にとって幾分過酷な温度環境の地域にも進出する必要があった．そのための適応戦略が**体温調節**であり，多岐にわたる手法で体温を調節するしくみを発達させてきた．体温を調節するしくみには動物種によって特徴があるため，古くからそのしくみの違いによる動物の分類がなされてきた．**恒温動物**，**変温動物**は馴染み深い呼称であるが，現在，**内温動物**，**外温動物**という呼称が使われ始めている．そのことから解説していこう．

12章 外界の温度変化から体内の温度環境を守るしくみ

12.1.1 恒温動物と変温動物

われわれヒトの体温は37℃付近に保たれているが，哺乳類全般では32～40℃であり，種差も大きい．また，鳥類は静止状態からすぐに飛び立つために高いエネルギーが必要なので，哺乳類よりやや高めの40～42℃に維持されている．一方で，多くの爬虫類や両生類，魚類の体温は環境温に左右され，外気温よりもやや高めに維持されている．このことから，これまで哺乳類と鳥類は，体温調節能により外気温の変化に関係なく，ほぼ一定の体温を維持できる動物であることから**恒温動物**（homeotherm），爬虫類，両生類，魚類は，体温調節能が低く，外気温に応じて体温が変化する動物であることから**変温動物**（poikilotherm）と呼んできた．しかし，恒温動物，とりわけ冬眠をする哺乳類の体温が常に一定というわけではなく，また，変温動物もまったく体温調節をしないわけではないことが知られるようになるにつれ，恒温動物と変温動物の線引きは必ずしも明瞭なものではないという認識が広まってきた．

たとえば，恒温動物であるわれわれヒトをみても，昼夜で体温は変動する．女性の場合には排卵周期でも体温が変動する．また，哺乳類でも原始的であるほど体温が低いとされ，テンレック（*Tenrec ecaudatus*，アフリカトガリネズミ目）は24～34℃で，ミツユビナマケモノ（*Bradypus variegatus*，貧歯目）は24～32℃と外気温に近い体温で維持している．これらの動物は，哺乳類であるにもかかわらず低温環境下では環境温の影響を受けて体温が低下しやすいため，温度変化が少なく，かつ湿った環境を選択して生息している．また，鳥類は体温が高い恒温動物として知られるが，カッコウ科は保温作用のある綿羽をもたない種が多いため，夜間に体温が著しく低下する．そこで，自分の産んだ卵をオオヨシキリ（*Acrocephalus arundinaceus*）やホオジロ（*Emberiza cioides*）など，他科の鳥類に育てさせる「托卵」という手段をとって孵化効率を高めている．

一方，変温動物に目を向けると，マグロは成長とともに体温調節能が向上し，体温を維持できるようになる．これは，体表面と体内部との間にあって深部血合筋を包み込むように発達する**奇網**（rete mirabile）と呼ばれる血管

12.1 体温からみた動物の分類

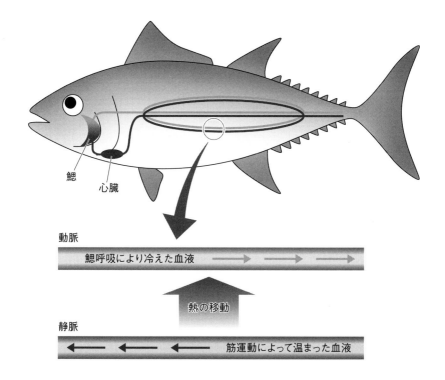

図 12.1　マグロの奇網の模式図
マグロなどの高速で泳ぐ魚類には，奇網と呼ばれる動脈の毛細血管と静脈の毛細血管が多数平行に並んだ構造がある．このしくみにより，組織で温められた静脈血と，外界水温の影響を受けた鰓動脈の冷たい動脈血の間で熱交換が行われる．冷たい動脈血が温められることによって物質代謝など活発な生命活動が可能になる一方で，遊泳による筋運動の熱で温度の上がった静脈内の血液温度も適切に下げられることにより，マグロの体温は常に環境温よりも高く保たれる．

が絡みあった構造をもつからである（**図 12.1**）．奇網は，動脈の毛細血管と静脈の毛細血管が多数平行に並び，動脈血と静脈血が薄い壁を挟んで反対方向に流れ，「**対向流式の熱交換器**」を形成している．このしくみにより組織で温められた静脈血と，外界水温の影響を受けた鰓動脈の冷たい動脈血の間で熱交換が行われる．そして，冷たい動脈血が温められることによって物質代謝など活発な生命活動が可能になる．その一方で，遊泳による筋運動の熱

で温度の上がった静脈内の血液温度も適切に下がる．このようなしくみにより，マグロの体温は常に環境温よりも 5～10℃ 程度高く保たれるため，熱帯から寒帯までの幅広い温度域での活動が可能である．一方，冷たい深海に生息するアカマンボウ（*Lampris guttatus*）も奇網構造が発達しており，近接して走行する動脈と静脈を利用して熱交換している．マグロの奇網とは異なって，アカマンボウの奇網は心臓と鰓の間にあり，鰓自体を冷やさないような構造になっていることから，全身の体温が下がりにくい．このため，体内で温められた血液は機敏な胸びれの動きによって再循環され，深海においても周囲の水温より 5℃ ほど高く体温を保つことができる．また，通常は積極的に体温を調節しない爬虫類のアミメニシキヘビ（*Python reticulatus*）は，抱卵時に筋肉を震わせて産熱量を上げ，安定した高体温（29～33℃ 程度）を維持している．

12.1.2 内温動物，外温動物，異温動物

上述のように，恒温動物や変温動物という分類は必ずしも明確ではないことから，近年，体温を維持するための熱源をおもに自らの代謝によって体内から得ている動物を**内温動物**（endothermic animal），主として外界に依存する動物を**外温動物**（ectothermic animal）と呼ぶようになってきた．内温動物と外温動物の最も基本的な違いは体内で作られる熱量の違いである．

この他，内温動物のうち，外部環境や生理状態の違いによって体温が大幅に異なる動物を**異温動物**（heterothermic animal）と呼ぶことがある．たとえば，休息時に体温が 10℃ 以上も低下して**鈍麻状態**（torpor）となるコウモリやハチドリの一部などはなどは異温動物に分類される．このような活動時と休息時の体温差が大きいことは，エネルギー消費を節約できるという利点がある．異温性というのは恒温性から特殊化したものであり，後述する冬眠動物なども異温動物に分類される．

12.2 体温調節の意義

そもそも動物はなぜ体温を維持する必要があるのか．それは外界の温度の

変化に対して体内の温度をある範囲内に保つ能力が高ければ，生息可能域が広がるからである．これは，生命活動の根源である脳全体の温度を一定に保つ，つまり脆弱な脳の神経細胞を守るために重要である．

ひとくちに体温といっても全身が一様に同じ温度というわけではなく，ヒトでは直腸温＞口腔温＞腋窩温の順番に高く，直腸温と腋窩温の間には約2℃ほど差がある．また，環境温によっても異なる．低温環境下では四肢の温度は低下するが，体幹と頭部の温度は低下しない．一方，高温環境下では皮下（表層）まで高温部が拡大する．このように，脳を含む体の中心部（コア：core）の温度は**核温**と呼ばれ，環境の温度変化にかかわらずほぼ一定に保たれる．それに対し，身体の外側の部分（シェル：shell）の温度は**外殻温**といい，環境温の影響を受けやすい（**図12.2**）．

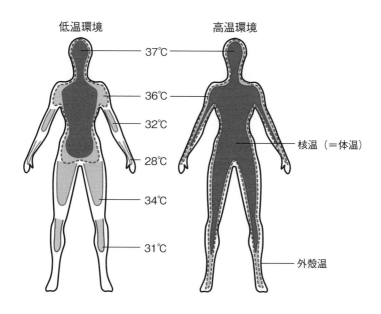

図12.2 ヒトの体温分布
　脳を含む体の中心部の温度（核温）は，環境の温度変化に関わらずほぼ一定に保たれている（引用文献12-1より）．

12章 外界の温度変化から体内の温度環境を守るしくみ

12.3 環境温を感知するしくみ

　体内におけるすべての生理・生化学的反応は，温度に依存して変化する．動物にとって適切な範囲で体温を維持できなければ，生物活動が破綻し，死につながる．したがって，環境温を的確に感知するしくみは，種を問わず必須の機構である．たとえば，ヒトでは環境温や体温の変化を皮膚や脳，内臓などの深部組織に存在する**温度受容器**が感知して，ニューロンの活動情報を調節中枢に伝える．最上位の体温調節中枢は視床下部の**視索前野**（preoptic area）にあり，身体中の温度情報を受けて情報を統合する．

　温度受容センサーの本態は，**温度感受性ニューロン**の細胞膜上にある **TRP**（transient receptor potential）と呼ばれる非選択的陽イオンチャネルである．TRPチャネルは6回膜貫通型の四量体チャネルで，多くのホモログが存在するTRPチャネルスーパーファミリーを形成している．TRPチャネルは，哺乳類においては少なくとも29種類の遺伝子と，6つのサブファミリーにより構成されている．このうちのいくつかが強い温度感受性を有し，温度変化を感知すると開口して陽イオンが神経細胞内に流入して，脱分極が起こり，それが電位作動性ナトリウムチャネルを開口させて活動電位が生じる（**図12.3**）．

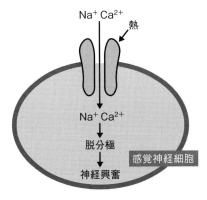

図12.3 環境温の刺激が電気信号に変換されるしくみ
温度感受性TRPチャネルの活性化プロセスを示す．環境温を感知するとイオンチャネルが開口して陽イオンが神経細胞内に流入し，その結果，脱分極が起きて活動電位が生じる．

このような環境温を感知するしくみは多くの動物に備わっており，昆虫類や脊椎動物全般においてもTRPチャネルの遺伝子がクローニングされ，温度受容メカニズムが進化的に保存されていることが示されている．

12.4　体温を調節するしくみ

動物はさまざまな方法で体温を調節している．われわれヒトの場合を考えてみると，暑ければ服を脱いでクーラーの電源を入れるし，寒ければ服を着てヒーターの電源を入れる．これらは意識して行うものであり，**行動性体温調節**（behavioral thermoregulation）と呼ばれる．一方，暑い時には汗が流れるとともに皮膚血管が拡張して紅潮し，寒い時には血管が収縮して青白い顔となって鳥肌が立ち，がくがく震える．これらは無意識に行われるもので，**自律性体温調節**（autonomic thermoregulation）と呼ばれる．

12.4.1　行動で体温を調節するしくみ

行動性体温調節は，体温の維持や調節を目的とした意識的な行動による調節である．この機構は内温動物にも外温動物にも見られる．爬虫類のワニは，朝になるとまず夜間に冷えた体を日光浴で温め，体温がある程度まで高くなると今度は日陰に入って涼む．そして，体が冷えればまた日なたに出ることを繰り返す．このように，外温動物も行動するためにはある程度の体温上昇が必要なので，それぞれの動物の至適体温より低ければ日光浴などで体を温め，逆に至適体温を超えると日陰や水中に移動して体温を下げる行動をとる．温かい日に散歩をしていると道路で横たわっているアオダイショウ（*Elaphe climacophora*）に驚かされることもあるが，爬虫類の彼らにとっては熱を吸収して体温を上昇させる大切な時間なのである．

アフリカゾウ（*Loxodonta africana*）やカバ（*Hippopotamus amphibius*），スイギュウ（*Bubalus arnee*），ブタ（*Sus scrofa domesticus*）などは，環境温の上昇にともなって水浴（wallowing）を行って体温を低下させる．泥水の中で転げ回って体表を濡らしている光景をテレビなどで見たことがあるだろう．これは，体表面の水分が蒸発するときに気化熱として体熱が奪われるこ

とを利用した体温を下げるしくみである.

　行動性体温調節は，摂餌によるエネルギー取り込み量が少なくても体温を維持できるという特徴がある．一方で，行動範囲や行動時間が制限されるという短所もあることから，外温動物は，環境温の変化が比較的小さい熱帯地方に生息していることが多い．行動性体温調節には，暑さ寒さによる快・不快の感情が関係していると考えられるが，それを制御する中枢の神経回路はほとんどわかっていない．

12.4.2　自律性に体温を調節するしくみ

　自律性体温調節は，主として自律神経系によって支配された臓器を効果器として体温を維持・調節する生理反応で，意識的に制御できない不随意反応である．自律性体温調節には，<u>体内で熱の産生を行う反応</u>と，<u>環境中へ体熱を放散する反応</u>がある．

　自律性体温調節に働くさまざまな効果器の多くは，他の生理活動にも関与している器官である．たとえば，ふるえを起こす骨格筋は，本来，運動のためのものであり，皮膚血管は物質の運搬のためのものである．このように見てみると，ヒトなどに備わる**汗腺**（とくにエクリン腺）だけが自律性体温調節に特化した効果器である．体温調節という機能を系統発生学的に見ると，単細胞動物の**走熱性**という行動性体温調節から始まり，鳥類と哺乳類になってはじめて自律性体温調節という新しい調節手段を獲得した．そのなかでも，ヒトなど一部の哺乳類のみしかもたない汗腺を使って行う発汗による体温調節は，系統発生学的に最も新しく現れてきた調節系であると考えられる．

a. 熱を生み出すしくみ

　熱を生み出す方法には，大きく分けて「**ふるえ熱産生**（shivering thermogenesis）」と「**非ふるえ熱産生**（non-shivering thermogenesis）」の2種類がある．「ふるえ熱産生」は骨格筋の周期的な収縮によるものであり，骨格筋の収縮によらない熱産生は「非ふるえ熱産生」と呼ばれる．

　「非ふるえ熱産生」は，肩甲骨間や腎臓周囲などに分布する**褐色脂肪組織**（brown adipose tissue）がその主役を担っている（**図12.4**）．褐色脂肪組織

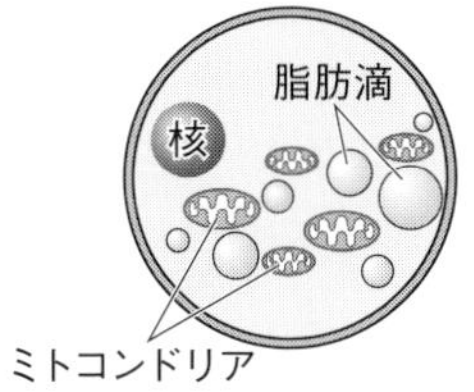

白色脂肪細胞		褐色脂肪細胞
（核、脂肪滴、ミトコンドリア）		（核、脂肪滴、ミトコンドリア）
皮下，内臓周囲など	分布	肩甲骨間，腎周囲，胸部大動脈周囲など
70～90 μm　［正常時］ 130～140 μm　［肥満時］	脂肪滴	20～40 μm　［正常時］
脂肪蓄積	機能	白色脂肪細胞から遊離された脂肪酸の取込みによるエネルギー消費と，それに伴う「熱産生」

図 12.4　白色脂肪細胞と褐色脂肪細胞
褐色脂肪細胞は小型で複数の脂肪滴と多数のミトコンドリアをもち，余剰なエネルギーを熱として散逸する機能をもつ．

を構成する褐色脂肪細胞は，白色脂肪細胞と異なり，小型で複数の脂肪滴と多数の**ミトコンドリア**を含んでいる．このミトコンドリア内膜には脱共役タンパク質が含まれており，酸化的リン酸化反応を脱共役することによって熱を産生する．このような非ふるえ熱産生は，ラット，マウス，ハムスターなどのネズミ目（Rodentia），コウモリ目（Chiroptera）などの小型動物や新生児などで体温を維持するために用いられている．ヒトでは成長にともなって褐色脂肪組織が退縮していくが，退縮速度に個人差が見られるために肥満との関わりが注目されている．なお，内温動物でも，鳥類には褐色脂肪組織が存在しないといわれている．

　褐色脂肪組織における産熱メカニズムを見てみよう（**図12.5**）．寒冷刺激が加わると交感神経の活動が亢進し，交感神経末端から**ノルアドレナリン**が分泌される．これが褐色脂肪細胞の膜表面に局在する β 受容体に結合して一連の産熱反応が開始される．とくに重要なのは β_3 受容体で，Gs タンパク質とアデニル酸シクラーゼが活性化し，cAMP が産生され，プロテインキナー

12章　外界の温度変化から体内の温度環境を守るしくみ

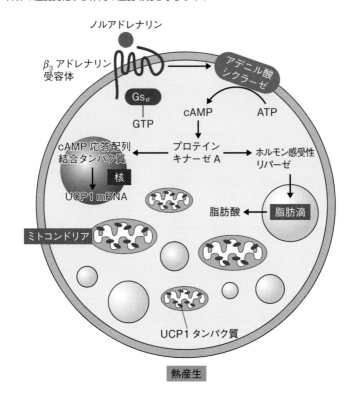

図 12.5　褐色脂肪細胞におけるノルアドレナリンのシグナル伝達経路
ノルアドレナリンが褐色脂肪細胞の膜表面に局在する β_3 受容体に結合すると，一連の産熱反応が開始される．最終的に *UCP1* 遺伝子の発現増加を引き起こすことによって熱を生み出す．

ゼAの作用を介してホルモン感受性リパーゼが活性化する．そして，脂肪滴内の中性脂肪から脂肪酸が遊離し，この脂肪酸が酸化分解されて熱源となる．また，プロテインキナーゼAの活性化は，cAMP応答配列結合タンパク質という転写調節因子を介し，**脱共役タンパク質 1**（uncoupling protein 1：**UCP1**）遺伝子の発現を増加させる．最終的には，UCP1の作用に結びついてエネルギーが熱に変えられる．

UCP1が熱を生み出す過程を詳しく見てみよう（**図 12.6**）．細胞内でグルコースや脂肪酸が分解されると，NADHやFADH$_2$が生成される．これらは

12.4 体温を調節するしくみ

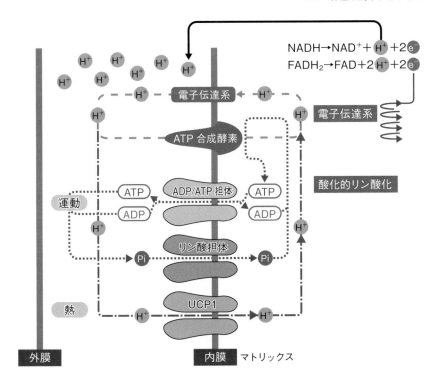

図 12.6 脱共役タンパク質による発熱
UCP1 が活性化されると,電子伝達(破線)と ATP 合成(点線)の共役が解消され,化学エネルギーが ATP を経ずに直接熱に変換される(一点長鎖線).

電子伝達系で酸化され,エネルギーが放出される.このエネルギーは,いったんミトコンドリア内膜を介するプロトンの電気化学的勾配として保存される.このエネルギー勾配にしたがってプロトンポンプが駆動してプロトンがミトコンドリア内に流入する際に,膜の ATP 合成酵素が働いて ADP と無機リン酸が縮合して ATP が合成される.このように,通常の細胞のミトコンドリアでは,電子伝達と ATP 合成が内膜でのプロトン濃度勾配を介して密に共役している.一方,褐色脂肪細胞のミトコンドリア内膜に存在するUCP1 はプロトン濃度勾配を短絡的に解消する特殊なチャネルで,UCP1 が

12章 外界の温度変化から体内の温度環境を守るしくみ

活性化されると化学エネルギーがATP合成を経ずに直接に熱へと変換され，散逸消費される．

このような産熱経路は，ノルアドレナリン以外にもさまざまなホルモンにより調節されている．**甲状腺ホルモン**はUCP1やβ_3受容体の量を増加させる．甲状腺機能が低下したマウスでは非ふるえ熱産生が低下する．甲状腺機能亢進症の患者ではUCP1の発現量が多く，基礎代謝が上昇するために体温も高くなる．ノルアドレナリンは，血流量を増加させることにより，エネルギー基質の動員と供給，産生熱の運搬などを間接的に調節している．**グルカゴン**は，非ふるえ熱産生のエネルギー基質である遊離脂肪酸の供給を増やす役割を担っている．

b. 熱を放散するしくみ

動物にとって過度な体温上昇は生命の危機を招く．このため，体熱を放散して体温を下げるしくみが必要であり，その方法として，**蒸散性熱放散**と**非蒸散性熱放散**というしくみがある．

蒸散性熱放散は，体表面の水分が蒸発する際に気化熱として体熱を奪うことを利用した熱の放散反応である（**図12.7**）．暑い時に汗をかくのはその典型であり，ヒトやウマ（*Equus caballus*）は汗腺から汗を積極的に分泌し，それを蒸発させることによって熱放散を促す．ヒト（体重70 kg）では炎天下に10分間ほど滞在すると体温が約1℃上昇するだけの熱量が体に入るが，100 gの汗が蒸発すればこの体温の上昇が抑えられる．汗腺の自律神経支配は特別である．交感神経によってのみ支配されており，神経終末から分泌される**アセチルコリン**によって汗腺が拡張される．発汗以外にも，皮膚や気道粘膜から常に水分の蒸発による熱放散が行われている．これは**不感蒸散**（不感蒸泄）と呼ばれる．

イヌ（*Canis lupus familiaris*）はエクリン汗腺の発達が悪いために全身性の発汗機能をもたない．このため，**あえぎ呼吸**（panting）という浅く速い呼吸によって口腔内や気道表面の水分を蒸発させることによって体温を低下させている．これは，発汗に比べると皮膚温が低下することもなく，塩分を消費しないという利点がある．その一方で，呼吸筋を使うために熱産生も同

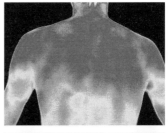
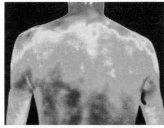
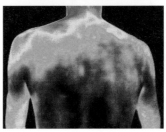

図12.7 ヒトの発汗による体表面温度の低下を示すサーモグラフィー
発汗前（上段），発汗後（中段および下段）．発汗が進むにつれて，体表面温度が低下しているのがわかる．（口絵V-12章①参照）

時に増えてしまう．ラットやマウスは，暑熱環境で唾液の分泌量を増やし，毛を舐める行動，**グルーミング**（grooming）によって唾液を体表面に塗布して体温を下げる．これは，唾液分泌を増加させる自律性体温調節と，唾液塗布という行動性体温調節が協調している．

非蒸散性熱放散は，水分の蒸発をともなわない放散方法である．皮膚の血管は非蒸散性熱放散の調節に重要な働きをしており，おもに交感神経による調節を受ける．寒冷環境では交感神経終末からノルアドレナリンが放出され，この作用によって血管平滑筋の収縮が起こる．皮膚血管の収縮は皮膚血流の低下につながるため，体表面への体熱の移動が抑制され，熱の放散が小さくなる．一方，暑熱環境では交感神経活動が低下することによって皮膚血管の

12章　外界の温度変化から体内の温度環境を守るしくみ

平滑筋が弛緩し，血管径が拡張するので，皮膚血流量の増加による体熱の放散促進につながる．

寒冷環境では**鳥肌**が立つことがあるが，これも非蒸散性熱放散反応の一種である．サルの仲間やイヌなど，長く豊富な体毛をもつ動物では**立毛筋**を収縮させ，毛を立てることで，体毛によって保持される皮膚の外側の空気の層を厚くして断熱性を高める．ヒトの皮膚には体毛が少ないので立毛させることによる断熱効果はほとんどないが，名残としていわゆる鳥肌が立つという反応が残っている．

12.5　体温調節と肥満

内温動物であろうと外温動物であろうと，体温と摂餌は密接に関与している．たとえば，コアラ（*Phascolarctos cinereus*）とナマケモノはいずれも樹上で生活し，木の葉を摂餌しながら大部分を睡眠にあてて生活している．このようによく似た生態と体重をもつ哺乳類であるにもかかわらず，体温が高いコアラは一日に500 g以上の食物を摂餌するのに対し，体温の低いナマケモノは一日に10 g程度しか摂餌しない．このように，内温動物では持続的な熱産生が必要であることから，体温と摂餌を調節する機構が発達してきた．

摂餌にともなうエネルギー摂取は体温の維持にも使われるので，摂餌行動を調節するホルモンによる体温調節は付加的な役割と考えることもできる．しかし，エネルギー不足に陥ったときには，摂餌を亢進するホルモン，すなわちエネルギーを取り込ませて蓄積させるようなホルモンの一部は，一過性の体温低下反応である鈍麻状態を積極的に誘導する．これは体温を低下させることで代謝を下げ，食物を入手することが困難な環境に対応する反応だと考えられる．逆に，エネルギー過多になると，摂餌を抑制するホルモンの一部は体温を上昇させる．**白色脂肪細胞**から分泌される**レプチン**（leptin）は，エネルギー過多になると，摂餌を抑制するとともにエネルギー代謝を亢進させてエネルギー収支のバランスを保つように働く．一方，人為的にレプチンが分泌されないマウス（*ob/ob*マウス）や，レプチン受容体が作れないマウス（*db/db*マウス）では，肥満になるとともに体温が低下する．したがっ

て，体温の恒常性を維持することは正常な体格のバランス「**体格指数（body mass index）**」を保つためにも必要なのである．

12.6　飢餓状態を生き抜くための体温調節

内温動物は食物が欠乏するような環境に遭遇したとき，体内に貯蔵しているエネルギー基質を利用して体温を維持しようとする．しかし，**貯蔵エネルギーは有限なので**，消費を節約することも必要となる．つまり，生きるために「体温の維持」と「エネルギー基質の消費の抑制」という課題を克服しなければならない．

夜行性動物のラットでは，活動期の暗期に体温が高く，休息期の明期では体温が低い．このようなラットに絶食試験を行うと，活動期の暗期では体温変化が認められないが，休息期の明期では体温が大きく低下する．つまり，活動期には食物を探せるよう貯蔵エネルギーを用いて通常と同じ体温を維持しているが，休息期には通常よりも代謝を低下させて消費するエネルギーを節約しているのである．近年，摂餌を亢進するホルモンの一部が休息期の体温低下に関与することが明らかになってきている．

飢餓状態で体温を低下させることには2つの意義がある．1つは，代謝を低下させることによって体温を低くし，エネルギーの浪費を防ぐこと．もう1つは，体温と環境温との差を小さくすることで環境への熱損失を少なくすることである．

12.7　長い冬を生き抜くための体温調節

動物が自然界で生きていく上で，数時間〜数日程度の短期間の絶食状態は日常的に起こる．一方，季節性の絶食，飢餓状態は数か月程度続く場合がある．四季のある日本では，実りの秋を迎えたあとに木々の葉も落ちて冬が到来し，食物が極端に不足する．一部の動物は，このような季節性の食物供給の低下をある程度予測して適応することに成功している．すなわち，探しても見つからない餌を探すより，なるべく無駄なエネルギーを使わないように動かずにその状態をやり過ごす**冬眠**（hibernation）に入る．冬眠とは，動物

が生活活動を極端に低下させた，あるいは休止させた状態で冬を過ごすことであり，内温動物の季節的な非活動状態を指すことがふつうである．広義には外温動物の越冬にも適用されるが，ここでは内温動物の冬眠について見ることにする．

　冬眠では，代謝量や呼吸数，心拍数などが著しく低下するとともに体温も低下し，エネルギー基質の消費を大幅に抑制する．冬眠の開始や維持にホルモンが本質的な役割を果たしているか否かは定かでないが，冬眠モデル動物のゴールデンハムスター（*Mesocricetus auratus*）の副腎を全摘出すると寒冷環境下でも冬眠しなくなることから，内分泌系の関与が示唆されている．また，キンイロジリス（*Spermophilus lateralis*）では，胃から分泌されるホルモンで摂餌を促進するグレリンの血中レベルが季節によって異なっており，春から徐々に上昇し，過食期である秋に最大値となり，冬には極端に減少する．一方で，環境温を低下させ，かつ摂餌できない環境下で末梢性にグレリンを投与すると，鈍麻状態が深くなる，すなわち体温がより低下する．この他，テストステロンやエストラジオールは春に分泌が増し，繁殖に有利に作用していると考えられている．したがって，ホルモンは，摂餌，体温，繁殖などの情報を統合しながら，冬眠の制御に関わっている可能性がある．

　また，チョウセンシマリス（*Tamias sibiricus barberi*）の肝臓で産生され，その後，血中に放出される**冬眠特異的タンパク質**（hibernation-specific proteins：HP）は，シマリスの冬眠と完全に同調して変化することから，冬眠の理解につながる物質として注目されている．HPは活動期に高値を示すが，冬眠に先行して産生量が減少し始め，冬眠期間中は活動期の数％という低濃度で推移する．また，HP量が高い個体を冬眠可能な低い環境温に移してもまったく冬眠に入る気配を見せないが，HP量が低い個体はただちに冬眠に入る．HP産生はテストステロンで促進され，甲状腺ホルモンのチロキシンによって抑制されることから，ホルモンの変動が冬眠を調節している可能性が考えられる．テストステロンやエストラジオールは春などの繁殖期に分泌が増し，繁殖に有利に作用していると考えられていることから，冬眠と，摂餌や体温の調節がホルモンによって調節されている可能性がある．

コラム 12.1
発熱する植物

ある種の植物が「体温」を調節しているというと驚かれる方も多いかもしれない．ザゼンソウ（*Symplocarpus foetidus*）やヒトデカズラ（*Philodendron selloum*），ハス（*Nelumbo nucifera*）の 3 種は発熱して自身の温度を一定に維持している．

サトイモ科に属する多年草のザゼンソウは，外側につぼみを包む赤紫の仏炎苞と呼ばれる部分があり，中心部には花が密集した球状の肉穂花序と呼ばれる構造がある．この部分が発熱し，環境温は 4 〜 15℃であるにもかかわらず，植物は 24 ± 1℃以内に保たれている（**図 12.8**）．これは，ヒトの体

図 12.8　ザゼンソウの発熱を示すサーモグラフィー
ザゼンソウ（上段左）は 4 〜 15℃の環境温において発熱し，つぼみを包む赤紫の仏炎苞と呼ばれる部分の中心部は 24 ± 1℃以内に保たれる（上段右）．しかしながら，ザゼンソウの近縁種であるミズバショウ（下段左）は発熱しない（下段右）．ザゼンソウはこのしくみによって，春先の最も早い時期に開花することができる．（写真提供：稲葉靖子博士，稲葉丈人博士）（口絵V-12 章②参照）（引用文献 12-3 より許可を得て掲載）

温の日内変動よりも変動幅が小さい大変精密な制御である．発熱植物が発熱する時間は，ヒトデカズラで6～12時間，ハスで2～3日と，ごく限られた期間に，限られた部位でのみ見られるのが特徴である．

　発熱植物についてはまだまだ未知の部分が多いが，体内に蓄えた炭水化物を燃焼・代謝する過程で熱を発生すること，発熱時には通常，細胞中のユビキノンという呼吸に関与する物質のほとんどが還元状態にあることなどが知られており，詳しいメカニズムの解明が進められている．植物が発熱する意義については諸説あるが，ザゼンソウの場合は発熱温度が花粉の発芽や伸長に適した温度であることから，世代を繋ぐために獲得した能力と考えられている．その他にも，発熱現象は熱とともに匂い成分を拡散させて虫を誘って受粉を促すため，あるいは低温障害を回避するためなど，さまざまな意義も考えられており，今後の研究の進展が注目される．

12章 参考書

彼末一之・中島敏博（2000）『脳と体温』共立出版．

山蔭道明 監修（2005）『体温のバイオロジー：体温はなぜ37℃なのか』メディカル・サイエンス・インターナショナル．

12章 引用文献

12-1) Aschoff, J., Wever, R. (1958) Naturwissenschaften, **45**: 477-485.

12-2) Healy, J. E. *et al.* (2010) Gen. Comp. Endocrinol., **166**: 372-378.

12-3) Ito-Inaba, Y. *et al.* (2009) Planta, **231**: 121-130.

略　語　表

AC：adenylate cyclase（アデニル酸シクラーゼ）

ACE：angiotensin-converting enzyme（アンギオテンシン変換酵素）

ACTH：adrenocorticotropic hormone（副腎皮質刺激ホルモン）

AD：adrenalin（アドレナリン）

ADH：antidiuretic hormone（抗利尿ホルモン）

ADP：adenosine diphosphate（アデノシン二リン酸）

AE1：anion exchanger 1（Cl^-/HCO_3^-交換輸送体1）

AGEs：advanced glycation end products（終末糖化産物）

ALDO：aldosterone（アルドステロン）

AM, Am, am：adrenomedullin（アドレノメデュリン）

AngⅡ：angiotensinⅡ（アンギオテンシンⅡ）

ANP：atrial natriuretic peptide（心房性ナトリウム利尿ペプチド）

AP：area postrema（最後野）

AQP：aquaporin（アクアポリン／水チャネル）

ATP：adenosine triphosphate（アデノシン三リン酸）

AVP：arginine vasopressin（アルギニンバソプレシン／バソプレシン）

AVT：arginine vasotocin（アルギニンバソトシン／バソトシン）

BK：bradykinin（ブラジキニン）

BNP：brain natriuretic peptide（脳性ナトリウム利尿ペプチド）

cAMP：cyclic adenosine monophosphate（環状アデノシン一リン酸）

CFTR：cystic fibrosis transmembrane conductance regulator（Cl^-チャネル；囊胞性線維症膜コンダクタンス制御因子）

cGMP：cyclic guanosine monophsphate（環状グアノシン一リン酸）

CGRP：calcitonin gene-related peptide（カルシトニン遺伝子関連ペプチド）

CLR：calcitonin receptor-like receptor（カルシトニン受容体様受容体）

略語表

CNP：C-type natriuretic peptide（C型ナトリウム利尿ペプチド）
CORT：corticosterone（コルチコステロン）
CRH：corticotropin-releasing hormone（副腎皮質刺激ホルモン放出ホルモン）
CT：calcitonin（カルシトニン）
CVOs：circumventricular organs（脳室周囲器官）
DOC：11-deoxycorticosterone（11-デオキシコルチコステロン）
ENaC：epithelial sodium channel（上皮性ナトリウムチャネル）
FAIM2：Fas apoptotic inhibitory molecule 2（Fasアポトーシス抑制分子2）
GC-C：guanylate cyclase C receptor（グアニル酸シクラーゼC受容体／グアニリン受容体）
GH：growth hormone（成長ホルモン）
GLP-Ⅰ：glucagon-like peptide-Ⅰ（グルカゴン様ペプチドⅠ）
GLUT：glucose transporter（グルコース輸送体）
GN：guanylin（グアニリン）
GR：glucocorticoid receptor（糖質コルチコイド受容体）
GTP：guanosine triphosphate（グアノシン三リン酸）
HKA：proton-potassium ATPase（H^+/K^+-ATPアーゼ）
HPA：hypothalamic-pituitary-adrenal axis（視床下部-下垂体-副腎軸）
HPG：hypothalamic-pituitary-gonadal axis（視床下部-下垂体-生殖腺軸）
IGF：insulin-like growth factor（インスリン様成長因子）
IGF1R, IGF2R：insulin-like growth factor 1 receptor, 2 receptor（インスリン様成長因子1受容体，2受容体）
IGFBP：insulin-like growth factor-binding protein（インスリン様成長因子結合タンパク質）
INS：insulin（インスリン）
IP_3：inositol trisphosphate（イノシトール三リン酸）
IRS-1：insulin receptor substrate 1（インスリン受容体因子1）
MIP：major intrinsic protein（主要内在性タンパク質）
MR, *mr*：mineralocorticoid receptor（ミネラルコルチコイド受容体）

略語表

MR 細胞：mitochondria-rich 細胞（ミトコンドリア - リッチ細胞）

NA：noradrenalin（ノルアドレナリン）

NBC1：sodium-bicarbonate cotransporter 1（Na^+-HCO_3^- 共輸送体 1）

NCC：sodium-chloride cotransporter（Na^+-Cl^- 共輸送体）

NHE：sodium-proton exchanger（Na^+/H^+ 交換輸送体）

NKA：sodium-potassium ATPase（Na^+/K^+-ATP アーゼ）

NKCC：sodium-potassium-chloride cotransporter（Na^+-K^+-$2Cl^-$ 共輸送体）

NO：nitric oxide（一酸化窒素）

NP：natriuretic peptide（ナトリウム利尿ペプチド）

NPR-C：natriuretic peptide receptor-C（クリアランス型 ナトリウム利尿ペプチド受容体）

Ostf1：osmotic stress transcription factor 1（浸透圧ストレス転写因子 1）

OVLT：organum vasculosum laminae terminalis（終板脈管器官）

PACAP：pituitary adenylate cyclase-activating polypeptide（下垂体アデニル酸シクラーゼ活性化ポリペプチド）

PKA, PKB：protein kinase A, protein kinase B（プロテインキナーゼ A，プロテインキナーゼ B）

PRL：prolactin（プロラクチン）

PTH：parathyroid hormone（副甲状腺ホルモン）

RAAS：renin-angiotensin-aldosterone system（レニン・アンギオテンシン・アルドステロン系）

RACGAP1：Rac GTPase-activating protein 1（Rac GTP アーゼ活性化タンパク質 1）

RAGE：receptor for adovanced glycation end products（終末糖化産物受容体）

RAMP：receptor activity-modifying protein（受容体活性調節タンパク質）

RANK：receptor activator of the NF-κB（NFκB 活性化受容体）

RANKL：receptor activator of the NF-κB ligand（破骨細胞分化因子／NFκB 活性化受容因子）

RNA-seq：RNA sequencing（RNA シーケンシング）

SFO：subfornical organ（脳弓下器官）

略語表

SLC, *slc*：solute carrier（溶質輸送体）
STC：stanniocalcin（スタニオカルシン）
TALEN：transcription activator-like effector nuclease（転写活性化因子様エフェクターヌクレアーゼ）
TJ：tight junction（密着結合；タイトジャンクション）
TMAO：trimethylamine *N*-oxide（トリメチルアミン-*N*-オキサイド）
TRP：transient receptor potential（一過性受容器電位）
TRPV1：transient receptor potential channel vanilloid receptor 1（バニロイド受容体／カプサイシン受容体）
UCP1：uncoupling protein 1（脱共役タンパク質1）
UGN：uroguanylin（ウログアニリン）
UT：urea transporter（尿素輸送体）
VIP：vasoactive intestinal peptide（血管作動性腸ペプチド）
VNP：ventricular natriuretic peptide（心室性ナトリウム利尿ペプチド）

索　引

記号

Ⅰ型コラーゲン　146, 156
α細胞　186
β細胞　182, 187
β受容体　205

アルファベット

ACTH　7
AGE 受容体　193
ALDO　46, 66
ANP　45, 47, 131, 173
ar/R 制限領域　111, 112
AVP　66
AVT　36, 37, 41, 45, 46
Ca^{2+} 取り込み細胞　79
cAMP　46, 170, 171, 184, 188
cGMP　47, 170, 171
chloride cell　71
Cl^- チャネル　74
Cl^- 排出細胞　77
CORT　45, 59
C 細胞　145
C ペプチド　183, 188
ENaC　36, 38, 40, 41
H^+-ATP アーゼ　40, 79
IGF-Ⅰ　188
IGF 結合タンパク質　189
ionocyte　71
K^+ チャネル　76, 99
K^+ 排出細胞　76, 79
L 細胞　184
mitochondrion-rich cell　71
mRNA　115, 183, 186
MR 細胞　36, 38, 41, 42

Na^+-Cl^- 共輸送体　19, 74
Na^+/H^+ 交換輸送体　19, 40, 74
Na^+-K^+-$2Cl^-$ 共輸送体 1　74
Na^+/K^+-ATP アーゼ　19, 40, 72
NASA　156
Na 摂取欲　11, 160
Na^+ チャネル　99
Na^+ 取り込み細胞　77
Na^+ 排出　102
NHE　19, 40
NKA　19, 40
NO　171, 172
NPA ボックス　111
pH 調節　39
PTH　142, 147, 151
RAAS　59, 66, 89
RANK　141
RANKL　141
RANK/RANKL　142
Rh 糖タンパク質　81
RNA-seq　13
SLC　78
TMAO　19, 22, 24, 97
TRP　202
TRP チャネル　11
Ussing 装置　37, 103
V1a 受容体　46, 100
V1b 受容体　46
V1 受容体　45, 93
V2R　45, 46, 93
V2 受容体　41, 46, 93
VIP　173

あ

アイソフォーム　99
あえぎ呼吸　208
アクアグリセロポリン　100, 110
アクアポリン　12, 20, 99, 110
アクセサリー細胞　77, 79
アジソン病　160
アシドーシス　82
アスピディン　140
アズマヒキガエル　口絵 B, 94, 115
アセチルコリン　208
アデニル酸シクラーゼ　188, 205
アドレナリン　7, 158, 159, 160, 164, 186
アドレナリンβ受容体　113
アドレノメデュリン　133, 134, 169
アマガエル　口絵 C, 44, 109, 113
アマドリ化合物　192, 195
アミア　150
アミノカルボニル反応　192, 195
アミノ酸　22, 56, 160
アルギニン　100
アルギニンバソプレシン　61
アルドステロン　6, 40, 59, 91, 160, 171
アンオーソドックス AQP　110
アンギオテンシノーゲン

索 引

100, 125
アンギオテンシン 37, 44-46, 66, 89, 158, 171
アンギオテンシン受容体 46
アンコウ 25
アンドロゲン 128
アンモニア 24-26, 33-35, 56, 81, 110

い

イイダコ 129
イオン・浸透圧順応型 21, 22
イオン・浸透圧調節型 18, 21, 22, 25
イオンチャネル 13, 43, 69
イオン調節型・浸透圧順応型動物 23
異温動物 200
イオン排出細胞 77, 79
イオン輸送 39, 41, 70, 74, 77, 168
1型糖尿病 182, 191
1次鰓弁 72
一酸化窒素 135, 171
遺伝子重複 133, 170
イノシトール三リン酸 172
イモリ 107, 152, 153
イルカ 64, 65
インクレチン 184
飲水中枢 43
インスリン 160, 183, 188, 191
インスリン様成長因子 188

う

ウグイ 82
ウシガエル 47, 115, 151

ウッシング装置 37, 50
ウナギ 11, 16, 72, 131, 136, 149, 163, 173
海鳥 58
ウミヤツメ 21
ウログアニリン 133
鱗 55, 139, 146, 154
ウロテンシンⅡ 171

え

エイ 22, 166
エストラジオール 212
エストロゲン 6, 147, 148, 151, 152
エネルギー 177, 200, 207, 210
鰓 13, 16, 36, 54, 69, 129, 142, 200
鰓呼吸 32, 34
鰓循環 163
遠位尿細管 89
円口類 21
エンドセリン 165, 171
エンドルフィン 7
塩類細胞 v, 10, 21, 24, 25, 28, 69, 71, 74, 81, 82, 84, 85
塩類腺 33, 57, 58, 64

お

オオヒキガエル 115
オキシトシン 6, 7, 129, 136
オクトプレシン 129
オクルディン 107
オスモライト 26, 124, 132
オタマジャクシ 35, 139, 151
オポッサム 62
オルソログ 135

オルドビス紀 140
温度感受性ニューロン 202
温度受容器（センサー） 202

か

外温動物 57, 179, 197, 200, 203
外殻温 201
概日リズム 153
海水型塩類細胞 77
海水環境 20, 23-25
海水起源 104
海水魚 16, 20, 21, 96
海水適応 126, 167
解糖 186
外皮 106
外部環境 iv, v, 1, 10, 17, 38, 123
開放血管系 iv, 161
海綿層 108
家禽 179
核温 201
角化細胞 106
角質化 107
角板 107
下行脚 90
下垂体 186, 188
下垂体アデニル酸シクラーゼ活性化ポリペプチド 169
下垂体後葉 iv, 6, 100
下垂体神経葉 36, 45
下垂体前葉 47
化石 32, 58
顎口類 162
褐色脂肪組織 204
活性型ビタミンD_3 142, 147, 151

索 引

甲冑魚 104
括約筋 168
カニクイガエル 26, 27, 48, 49, 51
夏眠 34, 109, 116
カメ 179, 194
カモノハシ 61
カルシウム 123, 139, 144, 171, 172
カルシトニン 137, 144, 169
カルシトニン遺伝子関連ペプチド 169
カルシトニン受容体様受容体 135
渇き 43, 44, 161
カワヤツメ 21
カンガルーラット 口絵 B, 63, 64
環境温 179, 201, 202
環境適応 12, 87
管腔膜 39
間在細胞 91, 96
間質液 8, 16
汗腺 204, 208
乾燥 47, 53, 62
肝臓 56, 143, 179, 182, 184, 186, 193
管束層 97
冠動脈 163, 173
冠輪動物 129

き

飢餓 211
器官培養 84
汽水 8, 24, 33, 34, 36, 51, 97
汽水環境起源 104
基礎代謝 208
揮発性脂肪酸 177
奇網 198, 200

ギャップ結合 108
吸収窩 141
求心性迷走神経 184
狭塩性 11, 28, 79
狭義 AQP 110
共輸送体 76, 83, 96, 99
魚類 v, 15, 66, 69, 164, 166, 182, 198
近位尿細管 89
キンギョ 口絵 C, 146
ギンザケ 150
ギンザメ 22
筋小胞体 172
筋肉 186

く

クアッカワラビー 62
グアニリン 133
グアニル酸シクラーゼ 134, 171
クジラ 64, 65
鯨偶蹄目 64
グッピー 26
グリコーゲン 179, 195
グリセロール 195
グルーミング 209
グルカゴン 160, 183, 186, 188, 208
グルカゴン様ペプチド-1 183
グルコース 123, 175, 192, 195, 206
グルコース輸送体 187
グルココルチコイド 126
グレリン 212
クローディン 107

け

経皮吸水 42, 44, 45, 48, 50

血圧 v, 123, 158, 171
血圧調節 163, 173
血圧調節ホルモン 165
血液 17, 87, 194
血液量 161
血管系 161
血管作動性腸ペプチド 163
血管内皮細胞 171, 192
血管内皮細胞増殖因子 192
血管平滑筋 100, 101
血漿 9
結晶化 194
齧歯類 176
血糖値 160, 175, 182, 191
ゲノム 29, 107, 113, 118, 132, 135, 164, 173, 188
ケラチノサイト 106
原始海水 8, 10
原始爬虫類 54
原腎管 130
原尿 168
原発性アルドステロン症 160

こ

降圧ホルモン 165, 169, 173
広塩性 11, 16-18, 21, 28, 70, 79, 96, 97
恒温動物 198
交感神経 3, 7, 8, 48, 97, 158, 159, 163, 186
交換輸送体 81, 83, 96
高血圧 66, 67, 160, 169, 171
硬骨魚 18, 20, 27, 96, 145
抗酸化物質 57
恒常性 2, 9, 13, 70
甲状腺 142, 146, 208, 212
後腎 87
高浸透圧調節 10

索引

後生動物 130
高張尿 65
行動性体温調節 203
甲皮類 140
後葉ホルモン 129
抗利尿 33, 46, 57, 59, 62, 100, 110, 113, 171
呼吸上皮 168
五大栄養素 175
骨格筋 204
骨芽細胞 140, 156
骨粗鬆症 154
コルチコステロン 46, 59
コルチゾル 7, 8, 33, 96, 168

さ

鰓弓 72
再吸収 102
サイクリック GMP 170
鰓後腺 145, 150, 152
最後野 43
細動脈 158
細胞外液 8-11, 15, 16, 24, 35, 87, 98, 100, 161
細胞間液 9, 16
細胞間隙経路 109
細胞内液 8-10, 15, 16, 87
細胞分化 190
細胞膜 70
サケ 11, 16, 72
坐骨動脈 92
ザゼンソウ 口絵 D, 213
砂漠 57, 62, 63
サバヒー 73
サブスタンス P 163
サメ 22, 78, 166
酸塩基調節 81
酸化的リン酸化 205
サンショウウオ 152, 153

三畳紀 59
酸性湖 82

し

シーラカンス 19, 26, 27, 34, 118, 166
紫外線 57, 144
糸球体 87, 167, 192
糸球体濾過 88, 89, 93, 94
仔魚 74
シグナルペプチド 183
視索前野 202
脂質 175
四肢動物 32-34, 116, 127, 158
視床下部 iv, 100, 182, 184, 202
視床下部外側野 43
視床下部視索前核 45
シスト 119
ジスルフィド結合 189
次世代シーケンサー 164
四足動物 32
$1\alpha, 25$-ジヒドロキシビタミン D_3 143
脂肪 186
脂肪酸 160, 206
脂肪酸動員 61
脂肪組織 189
脂肪分解 59
集合管 39, 89
集合管細胞 91, 100
終脳 126
終板脈管器官 11, 43
終末糖化産物 191
重力 162
ジュゴン 64
樹上(生)種 34, 115
受動輸送 102
寿命 195
受容体 iv, 44, 167, 170, 172, 210
受容体活性調節タンパク質 135
主要内在性タンパク質 110
ジュラ紀 58, 60, 166
循環系 158
循環調節 161
順応型 17, 25
昇圧ホルモン 158, 165, 166
消化管 16, 36
松果体 153
条鰭類 18, 20
上行脚 91
蒸散性熱放散 208
脂溶性ビタミン 143
少糖類 175, 185
上皮細胞 74
上皮性ナトリウムチャネル 36, 38, 96, 99
漿膜 54
自律神経 3, 7, 8, 158, 163
自律性体温調節 203, 204
進化 14, 24, 32, 50, 58, 66, 137
心筋 173
神経系 iv, 2, 4, 7, 13, 32, 43
神経細胞 142, 202
神経伝達物質 123, 163
神経葉（ホルモン） 33, 129
人工ヌクレアーゼ 127
真骨類 70, 81, 166, 170
腎小体 39, 87
新生代 63
心臓 47, 66, 67, 163, 173
腎臓 v, 10, 13, 16, 19, 21, 24-27, 32, 33, 36, 39, 45, 47, 57-59, 61, 62, 65, 66, 69, 78, 87, 96, 143, 167, 192, 193

索 引

浸透圧勾配 91
浸透圧順応型 10, 23, 97, 129
浸透圧センサー 11
浸透圧調節 9, 10, 15-21, 24-28, 33, 34, 36, 55, 58, 59-64, 70
浸透圧調節型 10, 98
浸透圧調節器官 32, 36, 81
浸透圧調節ホルモン 10
腎動脈 92
心拍出量 159
心拍数 212
真皮 106
腎不全 192
心房性ナトリウム利尿ペプチド 101, 158
腎門脈 91, 92

す

髄質 89
水生種 34, 115
水生動物 162, 168
膵臓 182
スタニオカルシン 150
ストップフロー法 103
ストレス 164
砂時計モデル 111
スナヤツメ 21
スプライシング 169

せ

生殖 195
生息環境 197
生体恒常性 2
成長ホルモン 59, 160, 168, 188
正のフィードバック 5, 6
生物多様性 119

セカンドメッセンジャー 170
脊索動物 162
脊柱側彎変形 153
脊椎動物 15, 162
石灰化 142, 152
セファロトシン 129
ゼブラフィッシュ 79, 80, 83, 148
前駆細胞 141
線形動物 129
全ゲノム重複 133, 165, 170
前口動物 129
センサータンパク質 12
前腎 39, 87
選択圧 170
全頭類 29
前立腺 150

そ

双弓類 59, 60
ゾウギンザメ 口絵A, 29
草食動物 160, 177
走熱性 204
側底膜 19, 38, 39, 71, 99
祖先遺伝子 118, 135
ソルビトール 192

た

ダーウィン 51
体液調節 10, 15, 20, 43, 45, 88, 124, 126, 169
体温 v, 123, 179, 201, 213
体温調節 197
体腔液 104
対向流 57, 63, 91, 199
第三脳室 11
胎児 54
代謝水 59, 64

代謝量 212
体循環 158
体腎 96
耐凍性 179, 182
タイトジャンクション 107
タイト上皮 109
胎盤 62
タキキニン 163
脱共役タンパク質1 206
脱血 47
脱水 44, 51, 57, 64, 65, 131
脱分極 202
多糖類 175
多様化 165
単胃動物 176
単弓類 59, 60, 65
単孔類 60, 61
単細胞生物 161
炭酸カルシウム 150
炭酸脱水酵素 83
淡水域 33
淡水型 19, 72
淡水型塩類細胞 76
炭水化物 175, 182, 186, 214
淡水起源 104
淡水魚 16, 96
淡水適応 76, 126
単糖類 175, 185

ち

置換骨 140, 147
窒素代謝 33, 35, 56, 81, 93
窒素老廃物 26
緻密層 108
チャネル 102
中腎 39, 87
中枢神経系 43, 44, 46, 124
中生代 59
チョウコウチョウザメ 145

索 引

頂端膜 71
腸内細菌 7
鳥類 54, 58, 92, 145, 178, 198, 204, 205
直腸腺 78, 97
貯蔵エネルギー 211
チロキシン 212
チロシンキナーゼ 187

つ

ツボカビ 119
ツメガエル 113, 115

て

低血糖 186
抵抗血管系 158
低浸透圧調節 10
ティラピア 26
適応 70, 197
適応放散 35, 63, 104, 114
テストステロン 212
テタニー 139, 151
デボン紀 34, 53, 140, 166
電解質 35, 124, 131
電子伝達系 207

と

糖 160, 175
糖化反応 192
凍結 194
糖質コルチコイド 160, 186
糖質代謝 126
頭腎 96
糖新生 186
淘汰圧 170
糖尿病 175, 190, 191, 195
動脈-静脈経路 168
動脈-動脈経路 168
冬眠 179, 194, 211

冬眠特異的タンパク質 212
トカゲ 179
トビネズミ 89
トラフグ 173
トランスサイトーシス 113
トランスポーター 78
トリメチルアミンオキシド 22, 97
鈍麻状態 200, 212

な

内温動物 58, 163, 165, 197, 200, 203, 210, 212
内分泌系 iv, v, 2, 3, 7, 13
ナイルティラピア 13, 182
ナトリウム 123, 124, 166
ナトリウム摂取欲 160
ナトリウムセンサー 11
ナトリウムチャネル 202
ナトリウム利尿ペプチド 44, 45, 47, 49, 59, 131, 164
軟骨魚類 22, 23, 26, 29, 34, 97, 137, 145

に

2型糖尿病 182, 191
肉鰭類 27, 34
肉食動物 178
2次鰓弁 72
ニジマス 26, 79, 80, 81
ニッチ 166
尿 87, 129
尿細管 39, 41, 87, 102, 168
尿酸 33, 35, 56-59, 93
尿素 18, 19, 22-25, 27, 28, 33-36, 56, 65, 97, 166
尿素輸送体 36, 40, 91
尿濃縮 58, 63, 65, 66, 88
尿膜 54

ニワトリ 口絵 D, 54, 153, 179, 195

ぬ・ね

ヌタウナギ 10, 21, 22, 97, 131
熱交換器 199
ネフロン 39, 69, 87, 91

の

脳 142, 163, 201
脳弓下器官 11, 43, 44
脳室周囲器官 11, 43, 101
能動輸送 10, 99, 102
ノックアウト 127
ノックアウトマウス 136
ノルアドレナリン 7, 205, 209

は

肺 150
胚 54, 63, 74
肺魚 34, 145
杯細胞 133
肺循環 158
胚体 84
ハイドリン 45, 110, 113
ハイドロキシアパタイト 147
白亜紀 34, 60
白色脂肪細胞 210
破骨細胞 140, 156
波状縁 142, 146
バソトシン 31, 168
バソプレシン 61, 124, 129, 161, 168, 171
爬虫類 53-55, 93, 145, 179, 198, 200, 203
爬虫類型ネフロン 58, 93

パッチクランプ法 37
発熱 213
パラログ 170
ハリモグラ 61
半減期 164
板鰓類 29
半水生種 34, 115

ひ
比較内分泌学 173
ヒキガエル 34, 35, 44, 93, 112, 115, 117
非蒸散性熱放散 209
脾臓 193
ビタミンD 144
ヒト 163, 176, 194
皮膚 v, 32, 35-39, 54, 69, 106, 109, 202, 204, 209
皮膚温 208
尾部下垂体 172
皮膚呼吸 106
皮膚腺 109
非ふるえ熱産生 204
表在ネフロン 89
ヒラムシ 130

ふ
フィードバック 3, 13, 144
フォスフォリパーゼC 172
不感蒸散 208
不感蒸泄 57, 61
フグ 73
副交感神経 3, 158, 163, 182
副甲状腺 142, 147, 151
副腎 163, 169, 186
副腎皮質刺激ホルモン 7, 61, 186
副腎皮質ホルモン 61, 62, 64

腹側皮膚 113
フクロネコ 62
不凍性 194
負のフィードバック 5, 6
ブラジキニン 169
ふるえ熱産生 204
プログラム細胞死 190
プロゲステロン 128
プロセシング 183, 184, 186
プロテインキナーゼC 187, 188, 205
プロトプテルス 118
プロラクチン 31, 45, 47, 59, 76, 126, 147, 149, 151, 152
分子進化 135, 137
分泌 102

へ
閉経 154
閉鎖血管系 iv, 160
ベタイン 22
ヘッケル 87
ヘビ 179
変温動物 198
扁形動物 129
ヘンレ係蹄 57, 87

ほ
膀胱 32, 36, 39, 41, 42, 58, 78
傍糸球体装置 89
傍髄質ネフロン 89
傍脊椎石灰嚢 139, 150, 152
傍濾胞細胞 145
ホーマー・スミス 104
ボーマン嚢 87
ホスホリパーゼC 188
哺乳類 54, 59, 66, 164, 166, 173, 176, 198, 204

哺乳類型ネフロン 58, 93
哺乳類型爬虫類 59
骨形成 141
骨疾患 154
ホメオスタシス iv, v, 1-4, 7, 12, 13, 28
翻訳後修飾 189

ま
膜性骨 140, 147
膜輸送体 32, 39, 41, 42, 69, 91
マクラデンサ 89, 91
末梢神経系 43, 44
マッドパピー 107, 152
マミチョグ 73
満腹中枢 184

み
水過剰 162
水吸収 114
水欠乏 162
水チャネル 35, 38, 91, 110, 168
水・電解質（代謝）（ホルモン） v, 10, 32, 50, 165
水透過 110
水輸送 69
密着結合 107
ミトコンドリア 71, 95, 108, 205, 207
ミトコンドリアリッチ細胞 36, 38
ミドリフグ 73
ミネラルコルチコイド 125, 126
脈管内液 8, 9, 16

索引

む

無顎類 21, 97, 137, 162, 163, 172
無糸球体魚 97
無脊椎動物 10, 15, 22
無足類 34, 50, 109
無尾両生類 25, 27, 150, 179
無尾類 34, 37, 40, 46, 47, 50, 93, 109

め

メイラード反応 192
メサンギウム細胞 89
メソトシン 45, 46
メダカ 口絵C, 73, 80, 83, 126
メタボロン 81
メチルアミン 24, 34
メラトニン 153
免疫系 iv, 3, 4, 7, 8, 13
免疫蛍光染色 74
免疫恒常性 3

も

毛細血管 159
モザンビークティラピア 13, 73, 80, 83, 84, 148
モデル 74, 81, 195

や

野生動物 177

ヤツメウナギ 19, 21, 22, 24, 25, 92, 97

ゆ

有胎盤類 60-64
有袋類 60-63, 145
有尾両生類 152, 153
有尾類 34, 37, 47, 50
有羊膜類 54, 55
輸出細動脈 89, 167
輸送体 13, 98
輸入細動脈 89, 167
ユビキノン 214

よ

陽イオン 12, 124, 202
葉状腎 65, 89
葉状体 119
羊水 54, 55
羊膜 54
羊膜類 107
容量調節 9

ら

卵黄玉 84
卵黄嚢上皮 74
卵殻 54
ランゲルハンス島 182, 184, 186
卵生 61, 145
卵巣 150
卵囊 54

卵母細胞 103

り

リーキー上皮 109
陸上種 115
陸上動物 15, 158, 160, 162, 166, 173
陸生種 34
立毛筋 210
利尿作用 47
リモデリング 141
隆起部 43
両生類 v, 15, 32, 50, 53, 59, 69, 93, 106, 109, 119, 145, 150, 198
リン酸化シグナル 188
リンパ液 8, 17, 35, 42
リンパ循環系 32, 42

れ・ろ

レニン・アンギオテンシン・アルドステロン系 46, 59, 100, 124, 160
レプチン 210
濾胞状構造 83

わ

渡り 59
ワニ 179
ワラビー 62

執筆者一覧 (アルファベット順)

服部 淳彦 (はっとり あつひこ)		東京医科歯科大学教養部　教授（9章）
廣井 準也 (ひろい じゅんや)		聖マリアンナ医科大学医学部　准教授（5章）
兵藤 晋 (ひょうどう すすむ)		東京大学大気海洋研究所　准教授（2章）
海谷 啓之 (かいや ひろゆき)		国立循環器病研究センター研究所生化学部　室長（1章）
金子 豊二 (かねこ とよじ)		東京大学大学院農学生命科学研究科　教授（5章）
喜多 一美 (きた かずみ)		岩手大学農学部　教授（11章）
今野 紀文 (こんの のりふみ)		富山大学大学院理工学研究部　講師（4章）
御輿 真穂 (おごし まほ)		岡山大学大学院自然科学研究科　助教（8章）
坂本 竜哉 (さかもと たつや)		岡山大学理学部附属牛窓臨海実験所　教授（8章）
佐藤 貴弘 (さとう たかひろ)		久留米大学分子生命科学研究所　准教授（12章）
関口 俊男 (せきぐち としお)		金沢大学環日本海域環境研究センター　助教（9章）
鈴木 雅一 (すずき まさかず)		静岡大学大学院総合科学技術研究科　教授（7章）
鈴木 信雄 (すずき のぶお)		金沢大学環日本海域環境研究センター　教授（9章）
竹井 祥郎 (たけい よしお)		東京大学大気海洋研究所　教授（10章）
内山 実 (うちやま みのる)		富山大学　客員教授（1, 3, 6章）

謝　辞

　本巻を刊行するにあたり，以下の方々，もしくは団体にたいへんお世話になった．謹んでお礼を申し上げる（敬称略）．

写真・図版提供

山田敏樹（3章），田中滋康（7章），関あずさ，田渕圭章，丸山雄介，矢野幸子，山本樹，JAXA（9章），稲葉靖子，稲葉丈人，Springer社（12章）

編者略歴

海谷 啓之（かいや ひろゆき） 1968年 山形県に生まれる．1996年 東京大学 大学院理学系研究科 博士課程修了．博士（理学）．現在，国立循環器病研究センター 研究所 生化学部 室長．専門は比較内分泌学．

内山 実（うちやま みのる） 1949年 長野県に生まれる．1972年 富山大学 文理学部卒業．理学博士．富山大学 名誉教授．現在，富山大学 客員教授．専門は比較内分泌学．

ホルモンから見た生命現象と進化シリーズ V
ホメオスタシスと適応 ― 恒 ―

2016年8月1日　第1版1刷発行

編　者		海　谷　啓　之
		内　山　　　実
発行者		吉　野　和　浩
発行所		東京都千代田区四番町 8-1
		電　話　03-3262-9166（代）
		郵便番号 102-0081
		株式会社　裳　華　房
印刷所		株式会社　真　興　社
製本所		牧製本印刷株式会社

検印省略

定価はカバーに表示してあります．

社団法人
自然科学書協会会員

JCOPY 〈(社)出版者著作権管理機構 委託出版物〉

本書の無断複写は著作権法上での例外を除き禁じられています．複写される場合は，そのつど事前に，(社)出版者著作権管理機構（電話 03-3513-6969，FAX 03-3513-6979，e-mail: info@jcopy.or.jp）の許諾を得てください．

ISBN 978-4-7853-5118-2

© 海谷啓之，内山 実，2016　Printed in Japan

☆ ホルモンから見た生命現象と進化シリーズ ☆

<日本比較内分泌学会 編集委員会>
高橋明義(委員長)，小林牧人(副委員長)，天野勝文，安東宏徳，海谷啓之，水澤寛太

内分泌が関わる面白い生命現象を，進化の視点を交えて，第一線で活躍している研究者が初学者向けに解説します(全7巻)． 各A5判／150～280頁

- I 比較内分泌学入門 －序－ 　　　　　　　　　和田　勝 著　　　　近刊
- II 発生・変態・リズム －時－　天野勝文・田川正朋 共編　本体 2500 円＋税
- III 成長・成熟・性決定 －継－　伊藤道彦・高橋明義 共編　本体 2400 円＋税
- IV 求愛・性行動と脳の性分化 －愛－
  　　　　　　　　　　小林牧人・小澤一史・棟方有宗 共編　本体 2100 円＋税
- V ホメオスタシスと適応 －恒－　海谷啓之・内山　実 共編　本体 2600 円＋税
- VI 回遊・渡り －巡－　　　　　安東宏徳・浦野明央 共編　　　　　近刊
- VII 生体防御・社会性 －守－　　水澤寛太・矢田　崇 共編　　　　　近刊

☆ 新・生命科学シリーズ ☆

幅広い生命科学を，従来の枠組みにとらわれず，新しい視点で切り取り，基礎から解説します．

- 動物の系統分類と進化　　　　　　　　藤田敏彦 著　本体 2500 円＋税
- 動物の発生と分化　　　　　　　浅島　誠・駒崎伸二 共著　本体 2300 円＋税
- ゼブラフィッシュの発生遺伝学　　　　弥益　恭 著　本体 2600 円＋税
- 動物の形態 －進化と発生－　　　　　　八杉貞雄 著　本体 2200 円＋税
- 動物の性　　　　　　　　　　　　　　守　隆夫 著　本体 2100 円＋税
- 動物行動の分子生物学　　　　　　　久保健雄 他共著　本体 2400 円＋税
- 動物の生態 －脊椎動物の進化生態を中心に－　松本忠夫 著　本体 2400 円＋税
- 植物の系統と進化　　　　　　　　　　伊藤元己 著　本体 2400 円＋税
- 植物の成長　　　　　　　　　　　　　西谷和彦 著　本体 2500 円＋税
- 植物の生態 －生理機能を中心に－　　　寺島一郎 著　本体 2800 円＋税
- 脳 －分子・遺伝子・生理－　石浦章一・笹川　昇・二井勇人 共著　本体 2000 円＋税
- 遺伝子操作の基本原理　　　赤坂甲治・大山義彦 共著　本体 2600 円＋税

(以下 続刊)

裳華房ホームページ　http://www.shokabo.co.jp/　2016 年 8 月現在